江西理工大学清江学术文库

超细晶碳化钨-钴复合材料

郭圣达　易健宏　陈　颢　羊建高　著

北　京
冶　金　工　业　出　版　社
2019

内容提要

本书共分9章，主要内容包括：硬质合金材料的基本概念；超细/纳米晶WC-Co复合粉的制备；超细晶WC-Co硬质合金的烧结；WC-Co硬质合金的腐蚀；实验原料与方法；分析测试方法；超细晶WC-Co复合粉的短流程制备；WC-Co硬质合金的制备；WC-Co硬质合金电化学腐蚀行为。

本书可供从事钨基粉末冶金及功能材料研发、生产及应用的科技人员阅读，也可供高等院校相关专业的师生参考。

图书在版编目(CIP)数据

超细晶碳化钨-钴复合材料/郭圣达等著. —北京：冶金工业出版社，2019.11

ISBN 978-7-5024-8276-3

Ⅰ.①超… Ⅱ.①郭… Ⅲ.①超细晶粒—碳化钨—钴化合物—金属基复合材料 Ⅳ.①TG147

中国版本图书馆CIP数据核字（2019）第252879号

出版人 陈玉千

地　址 北京市东城区嵩祝院北巷39号 邮编 100009 电话 (010)64027926

网　址 www.cnmip.com.cn 电子信箱 yjcbs@cnmip.com.cn

责任编辑 郭冬艳 美术编辑 郑小利 版式设计 孙跃红

责任校对 郭惠兰 责任印制 李玉山

ISBN 978-7-5024-8276-3

冶金工业出版社出版发行；各地新华书店经销；三河市双峰印刷装订有限公司印刷

2019年11月第1版，2019年11月第1次印刷

169mm×239mm；10印张；191千字；148页

55.00元

冶金工业出版社 投稿电话 (010)64027932 投稿信箱 tougao@cnmip.com.cn

冶金工业出版社营销中心 电话 (010)64044283 传真 (010)64027893

冶金工业出版社天猫旗舰店 yjgycbs.tmall.com

前　言

硬质合金是以元素周期表里的第ⅣB、ⅤB和ⅥB族的难熔金属碳化物为硬质相，以第Ⅷ族的铁族金属为黏结相，采用粉末冶金的方法制备出的一种多相复合材料，也可将硬质合金称为金属陶瓷材料，其因兼具高硬度、高耐磨性和良好的韧性等综合性能，被广泛应用于航空航天、工程机械和交通运输等领域。

相比于其他碳化物，碳化钨由于具有更高的硬度和耐磨性能而常被选作硬质合金的硬质相；钴由于对碳化钨完全润湿，且具有良好的黏附性以及应变吸收能力，是硬质合金黏结相的主要组成元素。这类由碳化钨和钴为主要成分的合金称为 WC-Co 硬质合金，但由于该类合金固有的成分和结构，导致合金硬度和韧性存在矛盾，即随着碳化钨含量的增加，合金硬度、耐磨性得到提高，但是韧性下降；反之亦然。基于 WC-Co 硬质合金成分、结构与性能的构效关系，在黏结相含量不变的情况下，通过减小碳化钨的平均晶粒尺寸能够使合金的硬度、韧性均得到提升；并且随着碳化钨晶粒尺寸的进一步减小，合金的综合性能还将得到大幅度提高。此外，随着现代工业的快速发展，还对碳化钨/钴类硬质合金的耐腐蚀性能提出了越来越高的要求，以期在腐蚀环境中能够长期服役。

本书在注重基础理论知识及系统性的基础上，较全面地介绍了超细晶碳化钨/钴复合材料的设计、制备与性能研究领域中的新成果、新趋势。全书共分为9章，第1章主要介绍了硬质合金材料的概况，包括硬质合金的特征、发展历程、现有制备工艺及分类。第2章重点介绍了超细/纳米晶 WC-Co 复合粉现有的制备方法，并对各种方法进行了对比分析。第3章介绍了超细晶WC-Co硬质合金常用的烧结方法，并对放电等离子烧结进行了详细阐述。随后，在第4章针对合金的应用现状对WC-Co硬质合金耐腐蚀性能的评定方法及影响因素进行了介绍。第5章和第6章分别介绍了短流程合成工艺制备WC-Co复合材料需要用到的原料、采用的工艺及分析测试方法。第7章介绍了超细晶WC-Co复合粉短流程制备的研究内容，重点介绍了低温原位合成反应过程的热/动力学研究成果。第8章介绍了SPS制备硬质合金相关内容，并介绍了添加剂种类及其含量对合金组织与性能的影响规律。第9章介绍了WC晶粒尺寸、添加剂种类及其含量对硬质合金耐腐蚀性能的影响，阐明了合金在酸、碱两种不同溶液中的腐蚀过程机理。

在本书出版之际，特别感谢我的导师昆明理工大学易健宏教授在撰写工作中的悉心指导，也感谢江西理工大学陈颢教授、羊建高教授及昆明理工大学鲍瑞副教授等老师的热情帮助。在本书的撰写过程中，著者参阅了有关文献资料，另外，本著作研究工作获得了国家自然科学基金面上项目（51274107）、江西省自然科学基金项目(20181BBE58001)、江西理工大学博士启动基金（jxxjbs18041）的共同资助，在此向文献作者和上述资助机构表示衷心的感谢。

由于著者的学术水平和时间所限，书中不妥之处，恳请读者批评指正。

著 者

2019年8月

目　录

1 硬质合金材料概况

本章主要介绍了硬质合金的特征、发展历程、制备工艺及现行的分类方法。

1.1 硬质合金特征

硬质合金是以元素周期表里的第ⅣB、ⅤB和ⅥB族的难熔金属碳化物（WC、TiC等）为硬质相，以第Ⅷ族的铁族金属（Fe、Ni、Co）为黏结相，采用粉末冶金的方法制备出的一种多相复合材料，也可将硬质合金称为金属陶瓷材料。其中难熔金属碳化物具有硬度高、耐磨性好、热稳定性好等特点；黏结金属则具有韧性好、延展性能好等特点。

硬质合金兼具有难熔碳化物和黏结金属的优良性能而表现出以下特征：首先，硬质合金具有高硬度和高耐磨性。硬质合金被认为是硬度仅次于金刚石和立方氮化硼的一类材料，根据成分的不同其维氏硬度（HV）通常为$1000\sim2400\times10^7$Pa，并且在较高温度条件下服役仍然具有高的硬度（红硬性好）。其次，合金具有良好的热稳定性和化学稳定性，抗氧化和耐腐蚀性能相对较好。再次，合金具有高的弹性模量，通常为400~700MPa，刚性好；具有高的抗压强度，能够承受较大载荷并保持不变形状态；具有较低的热膨胀系数，约为0.56×10^{-5}/℃，是钢质材料的1/2；合金还具有一定的韧性。

正是由于上述特征，硬质合金广泛应用于矿用钻探工具、机械加工（如切削、铣等）刀具、耐磨零件、模具制造等领域，被誉为“工业的牙齿”。但是在传统硬质合金中随着难熔碳化物的含量增加，合金硬度、耐磨性得到提高，但是韧性下降；反之增加黏结金属的含量会使合金韧性增加，但硬度和耐磨性能下降。因此传统硬质合金的这种组成导致其硬度、韧性之间存在矛盾，即合金硬度和耐磨性好，则韧性差；韧性好则硬度与耐磨性下降。英国特丁顿国家物理实验室B. Roebuck和E. G. Bennett用实测数据呈现出了这个矛盾关系，如图1-1所示。

1.2 硬质合金的发展历程

早在19世纪90年代，法国化学家H. Moisson就已开始进行硼化物、硅化物和各种碳化物的硬质材料的研究。铸造W_2C在20世纪初开始用作切削工具，其切削性能优于同时期的切削工具的数倍。1914年德国的H. Voigtlander等人将熔

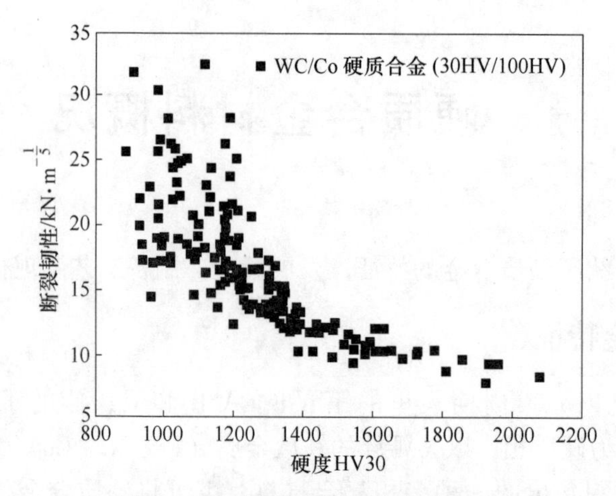

图 1-1　硬质合金硬度与韧性的关系

炼 WC 用于拉丝模，但由于成分和工艺控制得并不理想导致脆性大，未能得到令人满意的结果，随后在 1917 年采用烧结法制取了含 Fe 和 Co 的 W-Ti-C 合金。同年 A. Liebmann 用烧结浸碳法制取了韧性优良的 W-Mo-Fe-Ni-Cr-Ti-C 合金，G. Fuchs 用热压法制取了各元素成分（质量分数）为 40%~48% W、4%~15% Ti、2%~4% C 和铁系金属低于 40%的合金。德国的 Schroter 于 1923 年通过往 WC 粉末中添加（质量分数）10%~20%的 Co 元素作为黏结剂，顺利地制备出了 WC-Co 硬质合金，发现其硬度仅次于金刚石，并于 1927 年在当时世界上最大的兵工厂 Krupp 公司进行生产，创建了 Widia 牌硬质合金。随后苏联、美国、英国、日本、奥地利等国家陆续成功研发并生产出了 WC-Co 类硬质合金。截止到 20 世纪 30 年代时期，世界硬质合金总产量已经超过了 50t，并且随着第二次世界大战对机械加工行业的刺激以及战后经济的复苏和发展，硬质合金产品逐渐走向成熟，其应用领域也得到了不断扩大，对合金性能也提出了越来越高的要求，此时 WC-TiC-Co、WC-TiC-TaC-Co/Ni 和不含 WC 的 TiC-Mo_2C-Ni 等不同成分配比的硬质合金系列产品也相继出现。世界硬质合金的主要发展历程如表 1-1 所示。

从 1975 年起，与硬质合金相关的国际标准（ISO）相继出台，如“ISO 3369-1975 致密烧结金属材料和硬质合金密度的测定”、“ISO 3327-1982 硬质合金横向断裂强度的测定”、“ISO 3738-1-1991 硬质合金·洛氏硬度试验（A 级）”和“ISO 3878-1983 硬质合金维氏硬度试验”等，在世界范围内促进了硬质合金工业标准化的发展，有利于国际行业交流和互助，有利于扩大科学、技术和经济等方面的合作。

我国硬质合金生产始于 20 世纪 40 年代末，在大连钢厂建立了第一个硬质合金生产车间。1958 年我国分别在湖南株洲和四川的自贡市建立了两大硬质合金

表 1-1　世界硬质合金的主要发展历程[3]

年份	主要发展历程
1923～1925	WC-Co
1929～1931	WC-TiC-Co、WC-TaC(VC，NbC)-Co
1938	$WC-Cr_3C_2-Co$
1948～1970	超细晶 WC-Co、WC-TaC(VC，NbC)-Cr_3C_2-Co
1956～1978	WC-TiC-HfC-Co、热等静压技术、CVD 涂层技术
1969～1971	热化学表面硬化处理技术
1974～1978	硬质合金基体复合聚晶金刚石、碳化物、氮化物等
1981	AlON 多层涂层技术
1983～1992	烧结热等静压技术（SHIP）
1992～1996	CVD 金刚石涂层、复杂碳氮化物涂层、立方氮化硼 CVD 涂层、细晶 WC-Co 涂层和梯度结构硬质合金等技术
1994～至今	纳米晶、超粗晶硬质合金和多元多层复合涂层硬质合金

厂（分别命名为 601 厂和 764 厂），为硬质合金工业的发展和壮大提供了良好的契机。在随后的 30 年中，我国硬质合金工业不断崛起并成为国际硬质合金市场重要力量，在全国范围内形成了区域分布合理、产量和牌号能够满足国内各领域需求的较为完善的产业体系。随着科学技术的不断进步和相关产业的快速发展，对硬质合金性能提出了更高的要求，科研人员为改善合金的性能，在 WC-Co 硬质合金中添加了 TiC、TaC 等添加剂，并逐渐形成了 WC-Co、WC-TiC-Co 和 WC-TiC-TaC-Co 硬质合金等多种系列的硬质合金，应用领域也不断扩大。近 20 年来，我国硬质合金产量实现了快速发展，年总产量约占世界总产量的 40%，2014 年、2015 年和 2016 年我国硬质合金产量分别达到 2.7 万吨、2.65 万吨和 2.82 万吨，产量和销售趋势如图 1-2 所示。

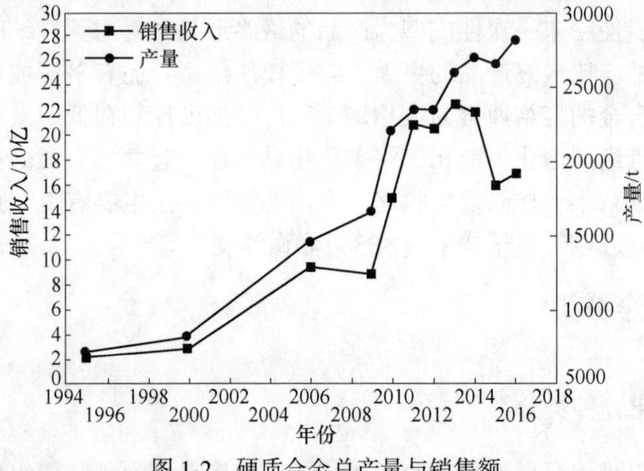

图 1-2　硬质合金总产量与销售额

1.3　硬质合金制备工艺

硬质合金中的难熔金属碳化物熔点高（如 WC 熔点为 2870℃，TiC 和 TaC 的分别高达 3250℃ 和 3985℃），然而黏结金属的熔点相对较低（Co 的熔点为 1495℃），两类组分的熔点相差非常大，因此不能采用熔铸法制造。通常采用粉末冶金的方法来制备硬质合金：首先将各种原料制成一定粒度、形貌和纯度的粉末；再将所需粉末配料、混合、成型和烧结制备出合金材料。合金的烧结温度一般为低熔点组元的熔点温度，此时烧结体出现部分液相并将未熔化的粉末黏结在一起，形成致密的块体材料。

硬质合金的制备过程包括原料粉末的选取，不同成分混合料的制备、成型和烧结，根据制备产品和所用设备的差异，工艺略有不同。图 1-3 所示为常见的制备工艺示意图。

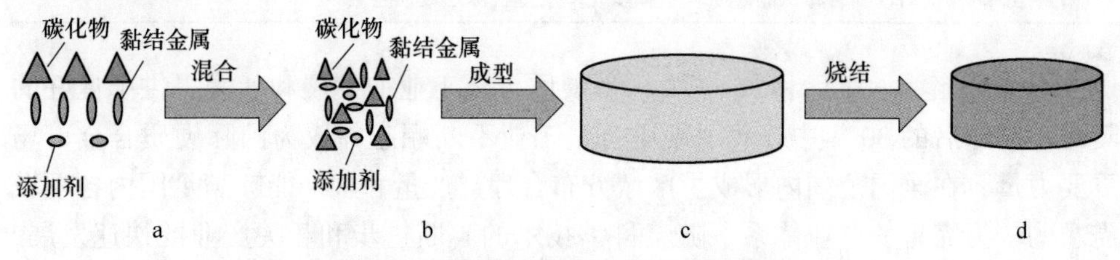

图 1-3　硬质合金制备常见工艺示意图

a—原料选取；b—混合料；c—压坯；d—硬质合金

为了使合金具有必要的强度和硬度，黏结金属粉末颗粒度应比碳化物的粒度更小，混合后才能更好地分布于碳化物之间。将原料粉末通过球磨等方式混合一定时间，以制成成分均匀且粒度达到一定要求的混合料，通常在球磨时还要加入研磨介质如无水乙醇、己烷等，还要加入有利于后续成型工艺顺利进行的成形剂（如石蜡），球磨干燥造粒后即可进入成型工序。在粉末成型阶段，可采取最常见的模压成型，使粉末一次性成型为产品的最终形状，考虑到烧结时样品的尺寸收缩，压坯尺寸应比最终产品的更大。除了模压成型，还有挤压成型、注射成型等方法。硬质合金的烧结通常为液相烧结，烧结温度控制在低熔点组元的熔点温度，此时低熔点组元熔化为液相，将碳化物黏结在一起并填充内部孔隙，在宏观上样品尺寸逐渐减小，样品发生收缩。常用的烧结方法主要有氢气烧结、真空烧结、低压烧结、放电等离子烧结（SPS）和微波烧结等。

1.4　硬质合金分类

1.4.1　按照碳化物种类分类

硬质合金以难熔金属碳化物为硬质相，以铁族金属为黏结相组成，按照碳化物种类成分的不同可划分为以下五类：WC-Co 系、WC-TiC-Co 系、WC-TiC-TaC(NbC)-Co 系、TiC(N)基硬质合金和钢结硬质合金。

(1) 钨钴类硬质合金（WC-Co）主要成分为 WC 和 Co，其牌号以“YG”和合金钴含量的质量分数组合而成，如 YG8 表示为钨钴硬质合金，Co 含量为 8%，其他成分为 WC。这类合金导热性较好，有利于切削加工时热量的及时散失、具有较高的抗弯强度和冲击韧性、磨削性较好，主要用于加工铸铁、有色金属及其合金、地矿开采、非金属材料等方面。

(2) 钨钴钛类硬质合金（WC-TiC-Co）牌号由“YT”和合金中 TiC 含量的质量分数表示，如 YT14 表示 TiC 质量分数为 14%，其他成分为 WC 和 Co。这类合金具有较高的硬度、耐热性和抗氧化性能，在高温时的抗氧化性和硬度比钨钴类硬质合金高。此外钨钴钛合金导热性能较差，在加工钢材时大部分的热量主要集中在切屑上并使其发生软化，有利于切削的顺利进行。当合金中 Co 含量较高、而 TiC 较少时，合金抗弯强度高、承受冲击能力较强，适用于粗切削加工；当 Co 含量较少、TiC 较多时，合金耐磨性及耐热性较好，适用于精切削加工。

(3) 钨钴钛钽（铌）类合金（WC-TiC-TaC(NbC)-Co)是在 YT 类合金成分基础上添加 TaC(NbC) 后制备的硬质合金，牌号由“YW”加顺序号组成。这类合金兼具 WC-Co 类合金和 WC-TiC-Co 合金的优点，同时具有较好的高温抗氧化性、红硬性、耐磨性和抗热震性，特别适用于加工各种高合金钢、合金铸铁、耐热合金等难加工的材料。

(4) TiC(N)基硬质合金以 TiC、TiN 为主要成分，以 Co-Ni 为黏结相，以其他难熔碳化物如 TaC、VC、WC 等为添加剂。TiC(N)基硬质合金又称为金属陶瓷，具有很高的硬度，HRA 一般可达到 90~93.5 甚至更高；具有较高的抗氧化性和耐热性，在 1300℃高温下仍可进行切削加工；具有较高的耐磨性和抗月牙洼磨损能力，制备的刀片使用寿命比 WC 基合金的高 3~4 倍。

(5) 钢结硬质合金主要由作为硬质相的 WC 或 TiC 等和作为黏结相的钢组成，是在 WC/TiC 基硬质合金的基础上发展出来的一种新型工具材料。合金具有 WC/TiC 基硬质合金的高硬度和高耐磨性，也具有工具钢的易加工性、可焊接、可锻和可热处理性，构成了独特的综合性能，成为介于钢和 WC/TiC 基硬质合金之间的工具材料。

1.4.2 按碳化物晶粒尺寸或结构分类

按照硬质合金中碳化物晶粒尺寸大小来进行分类，在全世界范围还未形成统一的标准。一般认为晶粒尺寸小于 1.3μm 的硬质合金定义为细晶硬质合金，晶粒尺寸小于 0.5μm 的定义为超细晶硬质合金，晶粒尺寸小于 0.2μm 的定义为纳米晶硬质合金。目前世界范围内常用的分类标准有瑞典 Sandvik 公司的标准、德国粉末冶金协会制定出的和ISO/TC190技术委员会正在研究的硬质合金晶粒尺寸分类标准。在Sandvik标准中将0.1~0.3μm的定义为纳米合金，而在德国制定的和ISO/TC190技术委员会正在研究的标准中认为小于0.2μm的即为纳米合金。两个标准分别如表1-2和表1-3所示。

表1-2　瑞典Sandvik公司硬质合金晶粒尺寸的分级标准

分类标准	纳米	超细	极细	细	中	中粗	粗	超粗	特粗
WC晶粒尺寸/μm	0.1~0.3	0.3~0.5	0.5~0.9	1.0~1.3	1.4~2.0	2.1~2.4	2.5~4.9	5.0~7.9	8.4~14.0

表1-3　德国及ISO/TC190技术委员会研究的分类标准

分类标准	纳米	超细	亚微	细	中	粗	超粗
WC晶粒尺寸/μm	<0.2	0.2~0.5	0.5~0.8	0.8~1.3	1.3~2.5	2.5~6.0	>6.0

针对不同晶粒尺寸和结构的硬质合金，主要可分为以下七类：超粗晶硬质合金、超细/纳米晶硬质合金、梯度结构硬质合金、涂层结构硬质合金、双晶结构硬质合金、双黏结相硬质合金和蜂窝结构硬质合金。

1.4.2.1 超粗晶硬质合金

按照Sandvik对硬质合金晶粒尺寸的分组标准，超粗硬质合金中碳化物（如WC）的晶粒尺寸大于5.0μm。与细晶硬质合金相比，这类合金中WC晶粒粗，比表面积减少导致Co相平均自由层（λ）增厚，从而提升合金的韧性。另外有研究表明热量在晶界的传导速度小于在WC晶粒内的传导速度，因此由于超粗合金中WC/WC和WC/Co的晶界减少，导致其具有更高的热导率，高温耐磨性能更好。超粗合金由于具有更高的韧性和更好的耐磨性能，广泛用作石油钻探、截煤齿、冲压模具、路面冷铣刨齿等工具材料。图1-4a所示为本书作者所在课题组制备的超粗晶硬质合金照片。

WC晶粒属于简单六方晶格结构，是标准的间隙相。一般WC-Co硬质合金中的WC晶粒多呈三角形、四边形棱柱体，若WC晶粒三角或者多边形棱柱体的底面（0001）面择优长大，则WC可转变为板状形状。研究表明WC晶粒的（0001）面的硬度要比其棱面（1100）高出约一倍，因此，若控制WC晶粒均形成板状晶，则合金整体硬度值将得到提升；另外硬质合金的微细裂纹通常是在合金内部缺陷处、WC和WC的晶界或者WC与Co黏结相的相界处形成和扩展，而在板状晶硬质合金中，微裂纹则通过裂纹偏转、拔出、桥接或穿晶断裂等形式进行扩展，因此，板状晶WC还具有强化韧性的作用，在钻削、车削等加工领域表现出较好的使用效果。

图 1-4 不同晶粒尺寸硬质合金 SEM 照片
a—超粗晶；b—超细晶

1.4.2.2 超细/纳米晶硬质合金

有研究发现当黏结相含量一定的情况下，当硬质合金 WC 晶粒尺寸减小到 0.8μm 时，合金硬度、强度均有提高；当晶粒尺寸小于 0.5μm 时，合金硬度、强度将得到极大提高，并且随着晶粒尺寸的进一步减小，提高幅度更加明显，这个现象可由 Hall-Petch 关系进行解释。以 WC-10Co 超细晶硬质合金为例，其 HV 达到 2000 以上、抗弯强度达到 5000MPa、断裂韧性在 8~12MPa · $m^{1/2}$。

与粗晶硬质合金相比，超细/纳米晶合金具有更高的硬度、强度和耐磨性，与被加工材料的相互作用较小，适用于耐热合金钢材、高强度合金钢、钛合金、不锈钢、玻璃、大理石、有色金属钨、钼及其合金的加工。图 1-4b 为本书作者所在课题组制备的超细晶 WC-Co 硬质合金的组织结构照片。从图 1-4 中可以看出，超粗晶和超细/纳米晶硬质合金中 WC 晶粒尺寸相差很大，组织结构差异明显。

1.4.2.3 梯度结构硬质合金

在 20 世纪 80 年代，瑞典 Sandvik 公司发明了一种新型结构硬质合金，其合金的最外层和中间层为 WC+Co 两相组织，但是 Co 含量从外表面至内部呈现出梯度增加的变化趋势，合金内层为 WC+Co+脱碳相（η 相）的三相组织，人们称这种合金为梯度结构硬质合金。图 1-5 为梯度结构硬质合金的组织及性能示意图，从图中可以看出，合金外层为贫钴层，耐磨性好；中层为富钴层，韧性好；内层为中钴层，刚性好。梯度合金适应于制造石油牙轮钻齿，矿用凿岩钻齿等。

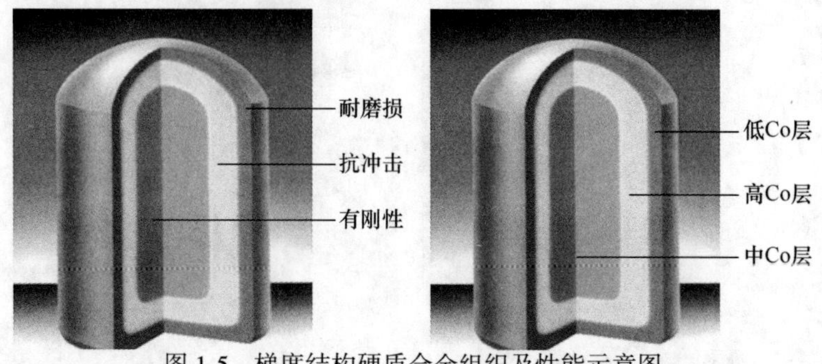

图 1-5　梯度结构硬质合金组织及性能示意图

1.4.2.4　涂层结构硬质合金

在硬质合金表面通过 CVD、PVD 等方法涂覆一层或者多层碳化物、氧化物、氮化物及复合物、金刚石等难熔硬质化合物，可有效提高硬质合金材料的耐磨性，提升合金使用寿命。研究表明在韧性较高的硬质合金表面涂覆一层或多层耐磨化合物，合金表面耐磨性大幅提高，而整体材料的韧性仍然保持原有数值，因此涂层技术能够很好地解决硬质合金耐磨性与韧性之间的矛盾。近年来经过持续的发展，涂层结构硬质合金具有以下传统合金无法具备的优点：

(1) 涂层硬度高、耐磨性好，能够减少合金表面的磨损量，在相同的切削速度下工作，合金使用寿命可延长 1~3 倍。

(2) 涂层可减少合金刀具在切削时切屑的粘刀现象，不易生成积屑。

(3) 涂层可降低合金工具与被加工材料之间的摩擦系数，可降低切削力。

(4) 涂层硬质合金可同时满足不同使用环境对合金的要求，能够替代不同牌号的硬质合金工具。

涂层硬质合金由于上述优良的性能，适用于用作高速切削领域的加工材料。

1.4.2.5　双晶结构硬质合金

双晶结构硬质合金也称为非均匀结构硬质合金，合金中的碳化钨晶粒尺寸具有粗、细两种类型；其中的粗晶 WC 晶粒生长完整、缺陷少，粗晶 WC 能够均匀地分布于细晶 WC 颗粒中。合金的碳化钨平均晶粒尺寸相差很大，晶粒尺寸分布曲线会出现两个峰，因此也可称之为双峰结构硬质合金。在双晶结构硬质合金的力学性能方面，粗晶粒的碳化钨提供较好的韧性，而细晶粒碳化钨可为合金提供较高的硬度和耐磨性能，使合金能够同时具备较高的韧性和耐磨性能。图 1-6 所示为本书作者课题组制备的双晶硬质合金 SEM 照片。

1.4.2.6　双黏结相硬质合金

双黏结相硬质合金是指将通过传统粉末冶金方法制备的致密的 W(Ti，Mo，V) C-Co球粒与 Co 金属再通过粉末冶金方法制备的硬质合金，相当

图 1-6　双晶结构硬质合金 SEM 照片

于使用前期制备的致密 W（Ti，Mo，V）C-Co 球粒来替代 WC 而制备的合金。W（Ti，Mo，V）C-Co 球粒尺寸一般控制在 20～300μm 之间，可为最终的硬质合金产品提供优异的耐磨性和良好的抗裂性。球粒尺寸过大，则在磨损情况下球粒易脱落；尺寸过小则这类合金的显微组织类似于普通硬质合金，并且球粒太小易导致合金内部产生裂纹。

与传统两相硬质合金相比，这种合金的结构与性能具有更大的调节空间，因此其性能也根据球粒成分、球粒大小的不同而发生较大变化。在制备双黏结相硬质合金时，硬质球粒的体积分数、球粒成分是影响合金性能的重要因素。

1.4.2.7　蜂窝结构硬质合金

蜂窝结构硬质合金是指将两种及以上不同牌号的粉末通过混合、成型、烧结制备出的硬质合金。这类合金的微观组织出现类似于蜂窝的组织结构，因此被称为蜂窝结构硬质合金。不同牌号的粉末一般是指 Co 含量高的粗晶粉末、Co 含量较低的细晶粉末，两者不但在 WC 晶粒尺寸上存在明显差异，而且在 Co 含量上的差异也较大，可使合金在宏观上同时表现出粗晶合金的良好韧性和细晶合金的耐磨性。图 1-7 所示为作者课题组制备的蜂窝结构硬质合金金相组织照片。

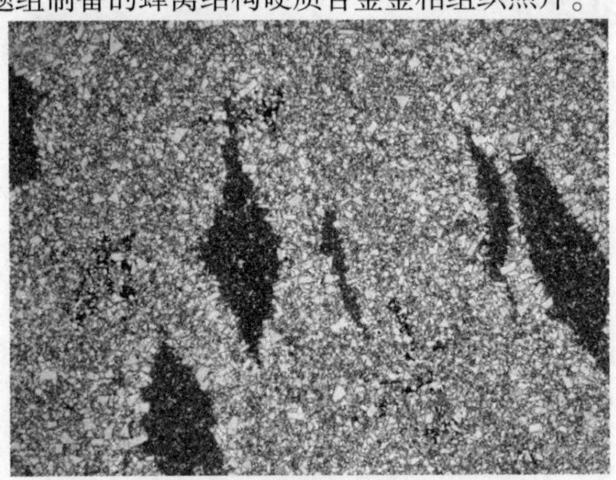

图 1-7　蜂窝结构硬质合金显微组织

1.5　本章小结

本章首先介绍了硬质合金的特征，指出硬质合金兼具有难熔碳化物的高硬度、高耐磨性以及黏结金属良好的韧性与延展性等。随后本章阐述了硬质合金的发展历程，早在 19 世纪 90 年代世界上就已出现了早期的硬质材料，随着工业的快速发展，硬质合金产品也不断创新，逐渐出现了 WC-TiC-Co、纳米晶、超粗晶等不同成分与结构的硬质合金。还对硬质合金的制备工艺进行了描述，最后介绍了现行的硬质合金分类方法以及不同种类合金的组织结构与性能特征。

2 超细/纳米晶 WC-Co 复合粉的制备

超细/纳米晶 WC-Co 复合粉是生产超细/纳米 WC-Co 硬质合金的必备原料，随着超细/纳米 WC-Co 硬质合金的发展，超细/纳米 WC-Co 复合粉的制备也成为科研人员、机构和企业的研究重点。经过二十余年的发展，超细/纳米 WC-Co 复合粉的制备技术得到了深入和广泛的研究，但其中一些止于实验室制备，还有一些方法得到了广泛的推广和应用。目前关于超细/纳米 WC-Co 复合粉的制备方法主要有以下几个方面。

2.1 高能球磨法

目前超细/纳米晶 WC-Co 复合粉最简单常用的方法就是高能球磨法。该方法首先将原料粉末倒入球磨罐中，同时添加球磨介质（如无水乙醇、水等）和球磨球进行高能球磨。为了尽量减少粉末在球磨阶段被氧化的概率，还应通入保护性气体（如 Ar 气等）；为了防止粉末在球磨过程中受到污染，球磨罐和磨球应选取与被磨物料成分相近的材质，如若要球磨 WC、Co 粉，则罐和磨球均应选取 WC-Co 硬质合金材质，以尽量减小杂质的引入。

粉末颗粒在球磨过程中受到磨削、压碎和击碎的作用，同时在球磨介质的作用下还会受到剪切、冲击、压缩和摩擦等多方面的共同作用并产生严重变形，经过足够长时间的球磨处理后，粉末通过挤压、破碎等过程转变为元素分布均匀的超细/纳米颗粒。高能球磨制备 WC-Co 复合粉时应先球磨制备超细/纳米 WC 粉，然后再添加 Co 粉进行混合球磨，由于 Co 为软金属，延展性好，在球磨过程中会形成薄膜状并包覆在 WC 颗粒周围，避免出现团聚体使各组元分布更加均匀。一般 WC 的晶粒尺寸与球磨时间密切相关，并且伴随着 WC 晶粒尺寸的减小其晶格畸变量增大。高能球磨法的缺点在于球磨过程易引入杂质。

日本京都大学的学者新宫秀夫于 1988 年提出了球磨过程中粉末颗粒的压延和反复折叠模型，图 2-1 为该模型示意图。假设粉末颗粒尺寸为 D，当一次压下率为 $1/a$ 时，经历 n 次压延过程后其尺寸由 D 减小为 $D_n = D(1/a)^n$。在高能球磨中，粉末颗粒被压延的次数相当大，因此粉末颗粒可被减薄到原始尺寸的十万分之一甚至更薄，从而形成非常微小的片状粉末并相互重叠。同时片状粉末还受到剪切、破碎等作用，最终形成三维尺寸均很小的超细/纳米颗粒。

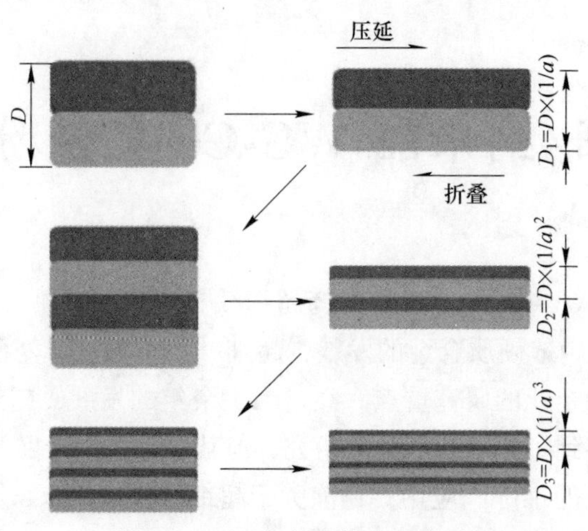

图 2-1　压延与折叠模型示意图

澳大利亚学者 Rumman Md Raihanuzzaman 和韩国 Soon-Jik Hong 等人通过短时高能球磨法将 WC 为 1～3μm 的 WC-Co 粉末球磨成 300nm 的复合粉末，并且研究了球磨时间（1min、5min、10min）对粉末晶粒尺寸、颗粒形貌和 Co 相分布的影响。应用 XRD 检测球磨不同时间的粉末认为，球磨时间越长 WC 峰越宽，这是因为 WC 晶粒粉末细化导致的。德国学者 Kristin Mandel 等人以晶粒尺寸约 300nm 的 WC 粉为原料，研究了高能球磨时间对 WC 晶粒尺寸、表面形貌等特征的影响。认为随着球磨时间的延长，粉末颗粒更细、表面变得更加粗糙，Co 能够分布于 WC 颗粒表面形成包覆作用，成分分布均匀；XRD 结果表明 WC 晶粒尺寸会随着球磨时间的延长而减小，但是 WC 缺陷会增加，这与文献［20］的结论一致。晶粒变细的机理是由于 WC 在球磨过程中受到铣削的作用导致的。文献作者还认为高能球磨 500min 可获得均匀的 WC 晶粒尺寸为 125nm 的 WC-12Co 复合粉，继续延长球磨时间至 1000min，1500min 时，WC 晶粒尺寸分别为 119nm 和 109nm，说明延长球磨时间对 WC 晶粒的细化作用并不明显。哈尔滨工业大学 Faming Zhang 等人以晶粒尺寸为 300nm 的 WC 为原料，通过高能球磨方法制备出了 WC 晶粒尺寸约 25nm 的 WC-10Co-0. 8VC-0. $2Cr_3C_2$ 复合粉末，球磨参数采用单循环工艺：400r/min×3min+600r/min×7min+400r/min×2min+600r/min×4min。结果显示随着球磨时间的延长 WC 相的 XRD 峰变宽、强度变弱，这种现象的出现是由于 WC 晶粒的减小和原子水平的应变导致的。在球磨的前期 WC 晶粒急剧减小，随着时间的延长 WC 晶粒细化过程变得很慢。分析还认为由于 Co 具有良好的塑性，其在球磨过程中很难发生细化，因此 XRD 中 Co 的峰未发生明显变化。中南大学范景莲采用高能球磨法将粒径为 810nm 的 WC 和 1. 35μm 的 Co 粉制备成了平均晶粒尺寸小于 500nm 的 WC-8Co 复合粉末。检测发现 Co 能够均匀地吸附在 WC 颗粒的表面，形成 Co 包覆 WC 颗粒的结构。

文献分析表明高能球磨能够有效制备出超细/纳米晶 WC-Co 复合粉末，WC 晶粒在球磨前期急剧减小，随着时间的延长 WC 晶粒下降逐渐变缓；另外长时间球磨使 Co 相能较为均匀地黏附在 WC 颗粒表面，使元素分布更加均匀。但是长时间球磨易引入杂质、WC 颗粒粒径分散较大、晶粒尺寸分布不均。

2.2 氧化-还原法

氧化-还原法首先将物料进行氧化，形成含 W、Co 的氧化物，再通过加入炭黑和（或）通入还原性气氛进行热处理形成超细 WC-Co 复合粉。工艺过程主要包括：

（1）物料的氧化焙烧，比如将 WC-Co 废旧硬质合金清洗后机械破碎成粒径为 20~50mm 的粉体，再置于氧化环境中在 900℃ 左右加热使废旧合金氧化为含 W、Co 的氧化物。

（2）将上一步骤制备的氧化物放入球磨罐中，并按实际需要加入添加剂（如 C、VC、Cr_3C_2 等），再通过球磨使粉末混合均匀。

（3）将混合粉末装入舟皿并放入还原碳化炉中，通入还原性气氛加热，使氧化物被还原成 W、Co，然后 W 再与 C 反应生成 WC，最终生成所需的 WC-Co 复合粉。

本方法多应用于 WC-Co 废旧硬质合金的回收再利用领域。江西理工大学杨斌、刘柏雄等人以废旧 WC-8Co 为原料，采用氧化还原法成功制备出了 WC 晶粒约为 300nm 的 WC-Co 复合粉。并且指出该方法具有工艺流程简短、回收效率高、经济低耗等特点。羊建高等以废旧粗晶矿用硬质合金为研究对象，采用氧化还原方法制备出超细 WC-Co 复合粉。文章指出最终产物中 WC 的晶粒尺寸与废旧原料是否为超细晶无关，关键在控制好氧化、还原和碳化的工艺参数，即可制备出 WC 晶粒可控的 WC-Co 复合粉末。北京工业大学宋晓艳等人以 YG6 废旧硬质合金为原料，清洗干燥后置于通有空气的气氛炉中加热至800~1000℃并保温 1~3h 后得到 WO_3 和 $CoWO_4$ 的混合粉末；往粉末中添加炭黑后进行球磨使元素混合均匀，再将粉末装入舟皿中放入热处理炉中加热至 850~1000℃ 进行还原碳化反应，制备出 WC 晶粒集中在 0.2~0.4μm 之间的 WC-Co 复合粉末。该课题组还进行了 YG8、YG12、YG16 等牌号废旧硬质合金的氧化还原制备超细 WC-Co 复合粉的研究。

氧化-还原法具有操作简单、流程短、回收率高等优点，但是如果 WC-Co 硬质合金中含有 V、Cr、Mo、Ta、Ti 等添加剂，这些添加剂无法通过氧化-还原法的工艺去除，最终制备出的粉末仍然含有除 WC、Co 以外的其他元素或物相，对后续硬质合金的制备仍然存在不利影响。

2.3　原位渗碳还原合成法

美国 Texas 大学 Y. T. Zhou 等人研发出了一种以聚丙烯腈做还原剂及原位碳源制备纳米晶 WC-Co 复合粉末的方法，称之为原位渗碳还原合成法。主要步骤有：以 H_2WO_4+NH_4OH 生成钨酸铵[$(NH_4)_{10}W_{12}O_{41} \cdot xH_2O$]溶液，并在真空环境中去除 NH_3 调节 pH 值至 8；随后添加 $Co(NO_3)_2 \cdot 6H_2O$ 和 HNO_3 调节 pH 值约等于 1；再将溶液加热干燥分解形成黑色状粉末，球磨分散；将黑色粉末倒入先前配制好的聚丙烯腈聚合物溶液中，加热干燥形成一种新的黑色粉末；最后将粉末装入舟皿中，通入 Ar-H_2 混合气体加热 800~900℃形成纳米晶 WC-Co 复合粉。这种方法将钨酸和钴盐同时溶于聚丙烯腈溶液中，低温干燥分解后，采用 90%Ar-10%H_2 混合气体将前驱体在低温下还原，随后 W 与以聚丙烯腈为原料分解出的活性 C 发生反应生成 WC，最终生成晶粒尺寸约为 50nm 的 WC-Co 复合粉。工艺整体流程长，粉末纯度、WC 晶粒尺寸等控制存在一定的困难。

北京工业大学宋晓艳课题组以氧化钨（$WO_{2.9}$等）、炭黑、Co_3O_4 为原料，通过球磨将粉末混合均匀后，将混合粉末放入真空炉中进行还原碳化一步制备出超细/纳米 WC-Co 复合粉。该课题组研究了成分配比、球磨工艺参数和还原碳化工艺参数对复合粉形貌、WC 晶粒尺寸和物相组成等特征的影响。分析认为氧化钨的还原顺序为 $WO_{2.9}$、$WO_{2.72}$、WO_2 至 W，中间产物 $CoWO_4$ 和 Co 对碳化反应起到一定的催化作用，粉末的还原过程大致可分为三个步骤：

（1）约在 540℃发生粉末表面吸附气体的逸出。

（2）约 610℃时发生 Co_3O_4 的还原，生成 Co 和 $CoWO_4$。

（3）约在 810℃时 $WO_{2.9}$被还原为纯 W。

同时研究发现配碳量对复合粉质量起到非常关键的作用，若配碳量不足则复合粉中含有大量的脱碳相（Co_6W_6C、Co_3W_3C 等），若碳量太多则复合粉含有石墨相，对后续硬质合金的烧结和合金性能产生不利影响。研究表明当配碳量（质量分数）为 16.75%时，WC 晶粒会出现明显的择优生长，形成较多的板状 WC 晶粒。

2.4　共沉淀和水溶液反应法

共沉淀法是指存在于溶液中的多种离子，在加入沉淀剂后发生沉淀反应，生成得到成分均匀的沉淀物质，然后将沉淀物通过离心、清洗和干燥等工序分离出来的一种方法。其优点在于通过溶液中各离子发生化学反应直接得到成分均匀的纳米粉体材料，制备的粉末具有平均粒度小、粒度分布均匀的特点。

美国 Materials Modification Inc 公司研发出了一种适用制备纳米晶 WC-Co 复合粉的共沉淀方法，其主要的工艺流程是：首先分别制备出一定浓度的偏钨酸铵

(AMT) 和碳酸胍 ($C_2H_{10}N_6H_2CO_3$) 溶液，随后将这两种溶液缓慢混合均匀，混合过程需要强烈搅拌；两种溶液相互之间发生反应生成微细的沉淀，用离心机将沉淀进行分离、清洗与干燥，得到白色状粉末；接着将粉末装入舟皿放入还原碳化炉中加热至700~1200℃进行还原碳化生成WC，炉中的气氛为20%CH_4-80%H_2的混合气氛；再将生成的WC粉倒入$C_2H_{10}N_6H_2CO_3$溶液中进行分散，不断搅拌并缓慢加入$Co(NO_3)_2 \cdot 6H_2O$溶液，连续搅拌后形成混合沉淀，再将沉淀进行离心、清洗和干燥后装入舟皿中，放入还原炉通入H_2进行还原，得到WC-Co复合粉。通过上述工艺制备的复合粉中WC晶粒尺寸约为100nm，Co元素均匀地包覆在WC颗粒表面。

学者Zongyin Zhang等人以仲钨酸铵（APT，$H_8N_2O_4W$）和氢氧化钴[$Co(OH)_2$]为原料制备出溶液进行共沉淀反应，然后在CO/CO_2气氛中进行还原和碳化，制备出颗粒尺寸约为50nm的球形WC-Co复合粉。文献作者还研究了还原碳化温度、时间和CO/CO_2比例对纳米复合粉形貌的影响，指出碳化过程为：W-Co、W_6Co_6C、W_3Co_3C、W_2C-Co、WC-Co。

中南大学吝楠、贺跃辉[56]等人以NH_4WO_4，NH_4VO_3为原料制备出含W、V的水溶液，然后逐滴加入浓盐酸使溶液发生沉淀反应直到pH值达到1.5以确保W和V沉淀完全，随后对沉淀物进行分离、干燥，并在500℃下置于空气中煅烧4h得到WO_3-V_2O_5纳米粉末。随后将制备的纳米粉与Co_3O_4、C进行湿磨混合，将球磨后的粉末置于真空炉中加热至1100℃反应2h得到WC晶粒尺寸约为100nm的WC-VC-Co复合粉末。

四川大学廖立课题组以超细碳化钨（WC）、氯化钴（$CoCl_2 \cdot 6H_2O$）和柠檬酸钠（$C_6H_5O_7Na_3 \cdot 2H_2O$）为原料、以水合肼（$N_2H_4 \cdot H_2O$）为还原剂，将WC分散于溶液中形成分散液，再将$CoCl_2 \cdot 6H_2O$、$C_6H_5O_7Na_3 \cdot 2H_2O$和$N_2H_4 \cdot H_2O$逐步滴加到分散液中，最终生成Co包覆在WC颗粒表面的WC-Co复合粉。WC的晶粒尺寸取决于WC原料的晶粒尺寸，在制备过程中WC形貌、晶粒大小基本保持不变，课题组还研究了体系的反应温度、反应时间对粉末包覆率、包覆效果的影响。印度Siddhartha Mukherjee等人以多孔硅胶为母体，将母体放入制备好的含W、Co等元素的水溶液中，再通过控制溶液成分制备出不同Co含量的前驱体粉末，最终采用还原碳化热处理工艺去除母体并将前驱体粉末进行还原碳化，得到纯净的WC-Co复合粉末。

共沉淀法和水溶液反应法可以制备出WC晶粒达到纳米级别的WC-Co复合粉，但是制备流程较长，过程复杂，复合粉产量低，难以实现批量化生产。

2.5 化学气相反应合成法

化学气相反应合成法的制备过程主要是先将金属气化，使其与活性气体在一定的温度、压力下发生反应，生成金属化合物，然后冷却制备得到纳米晶复合粉末。化学气相反应合成法是在较高温度下进行的，并且以气态形式发生反应，因此各成分的气体分压是制备复合粉的关键参数。日本学者光井彰在较早时候就对化学气相反应合成法进行了研究，以 WCl_6 和 CH_4 为原料，经气化后在1300~1400℃温度下进行反应制备了 WC 晶粒尺寸约为 20~30nm 的 WC-Co 复合粉。

俄罗斯难熔金属与硬质合金研究所的 Falkovsky 等人以仲钨酸铵（APT）或 WO_3 为原料，首先利用等离子体发生器将等离子态气体加热至 2700~3500K，并与还原碳化性气体（CH_4、C_4H_{10}等）一起注入反应室中，再将含钨粉末缓慢送入反应室并在等离子体高温区气化，气化后的气体与还原碳化性气体进行反应、冷凝后得到 50~80nm 的 WC 粉末；随后放入 Co 制备成纳米晶 WC-Co 复合粉。

美国犹他大学的 H. Y. Sohn 和 Zhigang Z. Fang 等人以 APT、Co_3O_4 为原料，以氢气、甲烷以反应气体，通过等离子体技术使原料气化并与反应气体进行反应，制备出了 WC 平均晶粒尺寸约为 10nm 的 WC-Co 复合粉。

2.6 溶胶-凝胶法

溶胶-凝胶法是将易溶化水解的金属化合物在某种特殊的溶剂中与水或者其他物质发生反应，经水解和缩聚逐渐生成含所需物的化合物凝胶，再经干燥、煅烧、还原和碳化处理后制得所需的粉末。Srikanth Raghunathan 等人以 Na_2WO_4、钴盐等为原料，制备成含 W、Co 的有机溶液，再通过滴加浓盐酸进行酸化并加热至 298~330K 之间，通过控制化学反应条件（pH 值、反应温度、反应时间等）制备得到凝胶状态的含 W、Co 的前驱体，再经干燥、还原、碳化得到纳米晶 WC-Co 复合粉末。课题组还利用溶胶-凝胶法制备出了 W-Mo、W-Cu、纯 W 等纳米粉末。

溶胶-凝胶法与水溶液合成共沉淀法相似，区别在于共沉淀法的溶剂多采用水，而溶胶-凝胶法的溶剂多为有机物，两种方法在操作过程、原理等方面较为接近。溶胶-凝胶法具有粉末晶粒尺寸细小、分布窄和成分均匀的优点，但是工艺流程长，复合粉形貌控制较为困难，且难以批量化生产。

2.7 自蔓延高温合成法

自蔓延高温合成（SHS）是指在反应物发生化学反应产生很高的反应热量和自传导的共同作用下合成材料的一种技术。

俄罗斯和德国学者以 WO_3 等金属氧化物和 C 为原料，以 Mg 为燃烧剂，采用 SHS 技术制备了晶粒尺寸约为 200nm 的 WC 粉和晶粒尺寸小于 300nm 的（W，V）C粉末。文献列出了 SHS 技术制备粉末的化学反应过程，如式（2-1）。

作者还指出当有 C 存在于体系中时，SHS 技术难以制备出粗晶 WC 粉。

$$WO_3 + Mg + C + R \longrightarrow WC \cdot MgO \cdot Mg + R' + Q \tag{2-1}$$

式中，R 为添加剂；R′为添加剂与 Mg、C 的反应产物；Q 表示热效应。

伊朗学者 M. Sakaki 等人以 WO_3、Al 和 C 为原料，球磨粉末使元素分布均匀，再采用微波辅助 SHS 技术制备了 WC-Al 复合粉末。文献采用热力学计算和微波辅助 SHS 实验相结合的方式研究了 WO_3-Al-C 体系可能发生的反应和生成产物的演变规律。

SHS 技术燃烧波蔓延非常快，一般可达到 0.1～20cm/s，反应温度在 2100～3500K 以上。由于燃烧过程快、温度高，燃烧过程中存在很大的温度梯度和较快的冷凝速度，易形成复杂相，反应过程难以得到有效控制。

2.8　喷雾转化法

喷雾转化法是将可溶性钨盐、钴盐、添加剂等配置成含 W、Co 等元素的混合溶液，经喷雾快速干燥制得含 W、Co 元素的前驱体粉末，再通过热处理得到 WC-Co 复合粉末。美国罗格斯大学 Kear 教授课题组采用喷雾转换法，首先将可溶性钨盐和钴盐加纯水溶解形成复合溶液，经喷雾干燥制备出化学成分均匀的含 W、Co 元素的前驱体粉末，然后通过混合炭黑，在流态化床中加热至高温进行还原碳化处理，得到粉末粒度约为 20～40nm 的纳米级 WC-Co 复合粉。武汉理工大学邵刚勤等人以含钨、钴的化合物及抑晶剂为原料，经喷雾干燥制成复合氧化物前驱体粉末，再混合炭黑并将混合粉末置于流化床中，通入 H_2 进行还原、碳化后制得纳米 WC-Co 复合粉末。电子科技大学和重庆大学学者 Lin Hua 等人以 AMT、$CoCl_2$、$(C_6H_{10}O_5)_n$ 等为原料，首先将原料溶于去离子水中形成水溶液，再将溶液置于聚四氟乙烯高压反应釜中升温至 200℃反应 8h，然后再添加去离子水至溶液中，通过喷雾干燥将溶液制备成含 W、Co、C 的前驱体粉末，再将粉末装入还原碳化炉中升温至 950℃反应 1h，得到 WC 晶粒尺寸约为 50nm，以 Co 为壳、以 WC 为核的 WC-Co 复合粉末。喷雾转化法提高了生产效率，但仍存在相关问题，如流化床法中还原气体的利用率低、温度和气氛控制难度较大等，同时还原碳化阶段仍然需要的高温（约 1100℃）易导致 WC 晶粒异常长大，还原碳化过程的动力学过程仍然需要进行更加深入的研究。

超细/纳米 WC-Co 复合粉的制备在全世界范围内得到了深入的研究和发展，综合文献分析可知传统制备工艺存在流程长、缺陷易累加（如长时间球磨易引入杂质、1300℃以上的碳化温度使 WC 晶粒长大等）、设备复杂导致生产成本高且粉体性能不稳定等不足，且对粉体材料的特征诸如形貌、晶粒尺寸、粒度分布、粉末表面结构以及不同批次产品的稳定性等方面并未形成严格的要求；而溶胶-凝胶、共沉淀等方法的产量太低，粉末成分、形貌控制较困难。要真正实现低能耗、短流程大规模制备性能稳定、结构形貌可控的超细/纳米 WC-Co 复合粉仍然需要科研工作者、机构和企业的共同努力。

2.9 本章小结

本章主要介绍了近二十年来国内外在超细/纳米晶 WC-Co 复合粉方面的制备技术，主要包括高能球磨法、氧化-还原法、原位渗碳还原合成法、共沉淀和水溶液反应法、化学气相反应合成法、溶胶-凝胶法、自蔓延高温合成法和喷雾转化法等，并简要阐述了上述方法的特点。

3 超细晶 WC-Co 硬质合金的烧结

烧结是制备硬质合金的最后一道，也是最重要的一道工序，粉末压坯在烧结过程中通过颗粒之间的相互黏结、孔隙消除等过程发生致密化行为并最终形成符合性能要求的块体材料。超细晶 WC-Co 硬质合金的烧结除了使压坯发生致密化外，还有一个重要的要求是需尽量减少 WC 晶粒在烧结过程的长大概率，在科研人员的不断努力下，目前主要有以下几种烧结方法用于超细晶 WC-Co 硬质合金的制备。

3.1 氢气烧结

氢气烧结是指将压制合格的压坯装入舟皿中，周围覆盖有含碳的 Al_2O_3 或者石墨颗粒以调节烧结气氛，然后将装有压坯的舟皿置于碳管炉或者连续式钼丝炉中通氢气进行烧结的一种方法。我国在 2000 年之前多采用氢气烧结制备硬质合金，其具有升温速度快、操作简单等优点，另外炉内可持续保持还原性气氛，有利于粉末颗粒吸附气体和氧化物的去除。但是氢气烧结炉内部温度控制较困难、烧结气氛控制困难、合金的孔隙难以消除、产品易渗碳、脱碳和表面“起皮”，造成合金质量不稳定、性能受到不利影响。另外氢气中通常含有氮、氧、水分等杂质，会对硬质合金的性能产生不利影响。在实际生产中通常要对氢气进行净化处理，使其露点降到-40℃以下才行，但是这种净化处理的成本较高。

自贡硬质合金有限责任公司袁明健认为以氢气为载体对粉末压坯进行脱蜡，其脱蜡效率要比真空脱蜡、以氮气/氩气为载体的差压脱蜡方式的更高。中南大学薛林对氢气脱脂烧结硬质合金的性能稳定方法进行了探讨，分析认为在脱脂过程中会产生不利于硬质合金性能稳定的因素，如烧结炉内温度会发生波动、氢气气流发生紊乱、脱脂时间难以精确控制等。作者还提出了针对上述不利因素导致合金性能不稳定的工艺改进措施，如增加原料化合碳含量、在炉内安装高精度热电偶以精确监测炉内的温度变化，实现精确控温控时等方法。

3.2 真空烧结

真空烧结是指将烧结炉内气氛全部抽出炉外形成负压环境，升温对压坯进行烧结的过程。真空烧结工艺可分为四个阶段：脱除成型剂、预烧结、高温烧结和冷却，这四个步骤可分开进行，也可由连续式脱脂真空烧结一体炉一步完成。与氢气烧结相比，真空环境中的碳还原过程热力学、蒸发过程的热力学、粉末吸附气体的脱除和元素的挥发等过程具有以下特点：

（1）烧结炉内气氛更容易控制。采用真空烧结，当炉内压力低于 13Pa 时，就相当于氢气−40℃的露点，属于低真空范围，此时气氛对烧结过程起到保护和促进作用。

（2）随着炉内压力的降低 C 的还原能力增强。金属氧化物与固体 C 发生还原反应时，由于炉内压力下降使还原反应的温度降低，从而促进氧化物还原反应的进行。

（3）真空更有利于杂质元素的去除。WC 在制备过程中，由于冶金、加工等过程的限制，导致粉末中常含有少量 Li、K、Na、Mg 等杂质，这些杂质伴随着制备过程的进行会保留在硬质合金中，对其性能产生不利影响。真空烧结时由于炉内压力降低，使金属可在更低的温度下沸腾挥发，促进杂质元素的挥发。

（4）真空烧结可改善液相 Co 对 WC 的润湿性。真空烧结的低压环境，可改善液相 Co 对 WC 的润湿性、有利于气体的析出和低价氧化物的挥发，加快烧结和致密化过程的进行。

台北科技大学 Shih-Hsien Chang 等人采用真空烧结法分别在 1250℃、1300℃、1350℃和 1400℃的温度下烧结制备了 WC-15Co（Fe-Ni-Co）合金。结果表明当烧结温度为 1350℃时 WC-Co 合金 HRA 达到最高值 90.92，横向抗弯强度（TRS）达到 2860.08MPa。

3.3　热等静压烧结

硬质合金致密过程与液相对固相的湿润性、毛细管力和表面张力有关。合金在烧结时，随着温度的升高逐渐出现液相时，液相在毛细管力的作用下向 WC 颗粒表面移动，并紧密地附在 WC 颗粒表面上。另由于液相表面张力的作用，使被液相包覆的 WC 颗粒发生移动，将存在于粉末压坯内的气体挤出，而由于液相的不断流动，部分孔隙被液相封闭，随着收缩的持续进行，封闭孔隙内产生巨大压力直至完成烧结，形成显微闭孔隙。因此为了消除这种闭孔隙，在 20 世纪 70 年代人们发明了硬质合金烧结新技术：热等静压烧结（HIP），以期在烧结时提供巨大的压力来压缩孔隙，达到消除孔隙的目的。

HIP 过程首先将粉末压坯和包套放入高压容器中，对包套施加高温和高压，强化压制和烧结的过程，可有效减小样品内部孔隙的尺寸和数量，提高材料的致密度和强度。采用 HIP 可有效降低或消除硬质合金中的残留孔隙，提高合金的强度和抗疲劳性能，因此在硬质合金烧结领域得到快速发展。HIP 的烧结压力高达 100MPa 以上，当出现液相时，液相在巨大压力的作用下发生快速流动，填充至孔隙中，但压力越大液相流动更快，易使液相元素（比如 Co）在孔洞位置发生聚集，形成钴池。

魏崇斌等人采用 HIP 烧结方法制备了元素分布均匀、WC 晶粒尺寸达到超细级的 WC-Co 硬质合金，HRA 为 92.7，K_{IC} 为 10.8MPa · $m^{1/2}$，TRS 达到 3860MPa。东北大学 Kai Wang 等人以超细 WC 和 Co 粉、超细 Ti(C，N) 为主要原料，采用 HIP 方法制备了超细晶 WC-Co 梯度结构硬质合金，研究了烧结压力、碳化物组成对梯度层形成的影响。结果表明随着 HIP 烧结压力的增大，梯度层厚度增加，WC 晶粒尺寸减小；若添加了（Ta，Nb)C 则梯度层厚度减小，并指出梯度层的厚度由形成碳化物的扩散距离控制。

3.4 低压烧结

低压烧结是在真空烧结的基础上，通过充入惰性气体在烧结过程中对烧结炉内部施加一定压力的烧结过程。"低压"是相对于"热等静压"的压力来说的，低压值通常为 3~10MPa，是标准大气压的几十倍，而热等静压的压力通常高达 100MPa 以上。目前的低压烧结炉通常可将脱脂、预烧、真空烧结和加压烧结等工序一次性完成，研究表明烧结压力不需要达到热等静压烧结的压力值，也可大幅度提高烧结样品的致密度。

低压烧结过程首先选择在真空环境下对压坯进行脱脂和预烧，待要进行高温烧结时往烧结炉内充入惰性气体使炉内压力随着烧结温度的升高而不断增大直至达到设定值，此时烧结产生的液相在压力的作用下，能够更加充分地在样品内部进行流动，填充孔隙使合金致密化程度高于真空烧结的样品。低压烧结制备的合金性能高于经氢气烧结、真空烧结、热等静压烧结制备的合金。

华南理工大学朱敏等人以 W、C、Co 等元素为原料，利用等离子辅助高能球磨法制备了超细晶 W-C-Co-0.9VC-0.3Cr_3C_2 复合粉末，随后将粉末进行压制后采用低压烧结技术一步烧结制备了超细晶 WC-Co 硬质合金，部分 WC 晶粒具有棱状形状，其尺寸与厚度均小于 100nm。中南大学斉楠等人利用低压烧结技术制备出添加了微米级 WC 的超细 WC-Co 硬质合金，研究了微米 WC 添加量对超细合金微观结构、性能的影响。结果显示添加了微米 WC 后可在合金中观察到裂纹偏转、穿晶断裂等现象，其能够抑制裂纹扩展，增强合金断裂韧性。

3.5 微波烧结

微波烧结是利用材料基本结构单元在微波电磁场中与极性电磁场之间发生耦合作用，发生介质损耗，使微波能向内能转变，引起材料温度升高，从而实现粉末压坯的烧结致密化过程的一种烧结技术。材料各个基本结构单元均可与磁场发生耦合作用，因此压坯内部在短时间内均可达到烧结温度，烧结温度在材料内部分布均匀、烧结时间大幅降低，粉末晶粒来不及长大就已完成烧结过程。因此微波烧结有利于烧结制备超细/纳米晶硬质合金。

美国学者 Agrawal Dinesh K 于 1998 年报道了利用微波烧结技术制备纳米 WC-Co 硬质合金的研究。文章研究了热等静压烧结和微波烧结对纳米 WC-Co 硬质合金组织结构和性能的影响，结果表明采用微波烧结制备的合金 WC 晶粒尺寸更小、致密化程度更高。

中南大学、昆明理工大学易健宏、鲍瑞课题组对微波烧结超细 WC-Co 硬质合金的工艺参数、烧结原理及存在的问题进行了全面、系统的研究。超细 WC-Co 硬质合金压坯具有良好的吸波特性，在微波烧结时能够瞬时响应微波输出功率，压坯脱脂时间仅为真空脱脂的 1/6，合金微波烧结周期为真空烧结的 1/4，大幅减少了烧结时间，在很短的时间即可完成合金的密致化。由于烧结时间短、温度分布均匀，使微波烧结的合金 WC 晶粒尺寸更加接近于原料粉末的晶粒尺寸、Co 相分布更加均匀。利用微波烧结制备的 Co 含量为 8%的超细晶 WC-Co 硬质合金在 1300℃的烧结温度下保温 1min，合金的密度为 14.27g/cm^3；当在烧结温度下的保温时间延长到 10min 时，密度增加到 14.48g/cm^3；但是研究表明继续延长烧结保温时间，合金的密度变化很小。

课题组还发现微波烧结易使合金产生脱碳相，针对这个现象提出了通过球磨阶段添加炭黑和通过控制烧结气氛来抑制合金的脱碳，并起到良好的效果。首次提出了微波烧结的“热点”加热机制：粉末压坯中部分颗粒能够有效吸收微波能，使该部位温度快速上升，形成随机分散的“热点”并形成局部液相烧结，热点中心的 WC 颗粒优先发生转动和重排、发生共晶反应、发生溶解-再析出过程，热点周围粉末通过热传导受热进行烧结。

3.6 放电等离子烧结

放电等离子烧结（Spark Plasma Sintering，SPS）又称为场辅助烧结，是近几年发展起来的一种快速固相烧结致密化技术。其利用强直流脉冲电流使被烧结粉末材料邻近颗粒之间出现放电现象、石墨模具和接触颗粒受到焦耳热作用产生瞬时高温，使粉末颗粒自发热，在烧结的同时粉末受到轴向压力作用，最终完成致密化过程。具有升温速度快、烧结时间短、致密化效果好等特点。SPS 作为一种新兴、高效的烧结制备技术，在粉末合成、块体材料、功能梯度结构材料等方面均得到了很好的应用。近年来，国内外很多学者利用 SPS 快速致密化技术制备出 WC 晶粒细小、性能优异的超细/纳米晶 WC-Co 硬质合金，取得了较好的应用效果。

烧结致密化过程可在很短时间内完成，一般可控制在 30min 内。快速加热和保温时间短是 SPS 的主要特点，可有效控制烧结过程以及晶粒异常长大现象，SPS 烧结 WC-Co 硬质合金烧结过程大致可分为四个阶段，如图 3-1 所示。

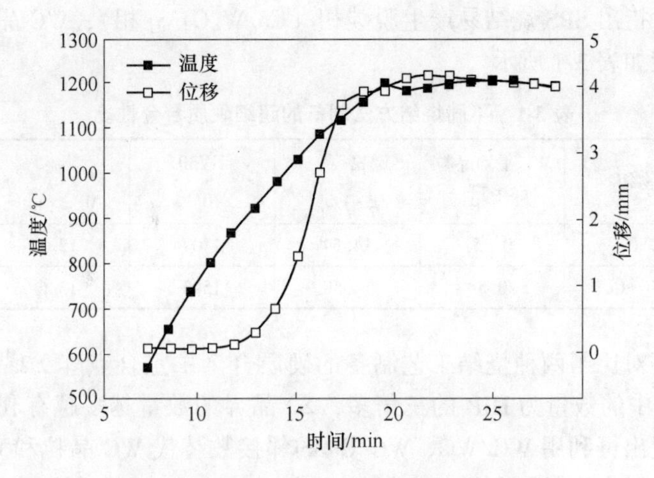

图 3-1 SPS 烧结 WC-Co 硬质合金烧结过程

预烧结阶段：当烧结温度低于 800℃，烧结体基本不发生收缩；初步烧结阶段：当烧结温度范围在 800~1000℃之间时，样品开始发生收缩但量较小；主要烧结阶段：当温度约为 1000~1150℃时，样品发生剧烈收缩，压头位移量迅速增加，样品致密度显著提高；稳定阶段：在经过第三个阶段后随着烧结温度的继续升高，样品的致密度变化很小。烧结温度是影响合金致密化过程的最主要因素。

近几年来针对 SPS 制备 WC-Co 硬质合金的研究具有以下特点：

（1）烧结温度对合金显微组织结构、力学性能的影响是重点研究对象。大多文献认为，随着烧结温度的提高，越有利于增加样品致密化程度，但同时会使 WC 晶粒发生异常长大。

（2）压力的影响研究较少，压力的作用在于促进粉末颗粒移动重排，减少样品孔隙，有利于提高压坯密度。

（3）SPS 烧结设备的测温装置均采用热电偶与红外测温仪相相合的测温系统，在温度测量、温度控制等方面存在局限性。

3.6.1 烧结温度

在 SPS 过程中，粉末的烧结致密化过程实质上是一个物质迁移联结过程，迁移的本质是扩散，主要受到温度的影响。国内外众多学者对温度的影响进行了研究。史晓亮等人将喷雾热解，连续还原碳化工艺制备的 WC-6.29Co 复合粉用 SPS 技术在 1100℃下烧结制备出 WC 平均晶粒尺寸小于 400nm 的超细硬质合金，相对密度达到 99.0%，横向断裂强度（TRS）超过 2740MPa，HRA 超过 93.8。宋晓艳课题组对比了 SPS 与热等静压（HIP）两种烧结方式制备的超细硬质合金性能，认为 SPS 烧结在 1200℃下烧结合金的硬度大于 HIP 烧结的合金，但断裂韧性要小，同时指出 SPS 烧结易产生脱碳相（Co_6W_6C：η 相），WC 晶粒更细，制备的产品性能如表 3-1 所示。

表 3-1 不同烧结方法制备的超细硬质合金性能

烧结方法	物相	WC 平均晶粒尺寸/μm	密度 /g · cm^{-3}	HV30 /10^7Pa	K_{IC} /MPa · m$^{1/2}$	TRS/MPa
SPS	WC+Co+η	0.35	14.54	1707	12.1	2337
HIP	WC+Co	0.5	14.50	1543	13.6	4210

宋晓艳还对比了两种烧结工艺制备的硬质合金中重合点阵 Σ2 晶界的数量，SPS 烧结样品中的数量为 HIP 的三倍多，Σ2 晶界的数量越多越有利于提高合金性能，同时提出可利用 WC/WC、WC/Co 的邻接数替代 WC 晶粒和 Co 相平均自由程来研究硬质合金结构与性能之间的关系。I. A. Perezhogin 等人利用短时脉冲电流合成了 WC 粉，并对其中的 Σ2 晶界进行了测量分析，认为 Σ 晶界的形成与 W 的碳化过程、机理存在很大关系。本书作者认为不同方法制备的合金中 Σ 晶界差异产生的原因在于 WC 晶粒长大过程和机制不同，导致 WC/WC、WC/Co 邻接度存在较大差异，在宏观上表现为力学的差异。

Cha SI 等人利用 SPS 技术在 1100℃ 温度下成功制备出了纳米晶 WC-10（质量分数,%）Co 硬质合金，并且指出烧结是在液态下发生的；但是 Sivaprahasam 等人同样在 1100℃ 温度下烧结制备了纳米晶 WC-12（质量分数,%）Co 硬质合金，认为即使在 WC 颗粒之间的 Co 黏结相存有液相的形貌特点，粉末还是只发生了固相烧结；Mirva Eriksson 等人指出如果 SPS 烧结温度过高（接近 1320℃），烧结样品内会存在较大的温度梯度，一般有 220~270℃ 的差距。但 Huang SG 分别在烧结系统中石墨模具的外表面和接近样品中间的位置进行测温发现，两个位置最大温差约为 150℃，同时尽管可观察到 WC 晶粒具有液相烧结的形貌出现，Huang S. G. 仍然认为在此温度下发生的是固相烧结；宋晓艳等人假设 WC 与 Co 组成联合颗粒且内部温度均匀，考虑了颗粒度、电阻率、原子体积、比热容和颗粒密度等因素，推导出 SPS 时样品升温公式如式（3-1）所示。通过式（3-1）计算并与实验结果验证认为，在烧结过程中，附着在 WC 颗粒表面的薄 Co 层受到更高的温度，WC 颗粒受到的热量来自 Co 层的传输，在这个微区范围内 WC-Co 系统发生液相烧结，WC/Co 之间形成烧结颈，这正好可以解释 Cha SI 和 Sivaprahasam 两个研究结果的矛盾。

$$\Delta T_p = \frac{I_p^2 R_p \Delta t}{c_p \times V_p} \tag{3-1}$$

式中，ΔT_p 为样品温值；I_p 为电流；c_p 为联合颗粒恒定体积下比定压热容；R_p 为联合颗粒电阻；Δt 为电流通过的时间；V_p 为颗粒体积。

N. AL-Aqeeli 往粉末中添加 VC 和 Cr_3C_2，然后利用 SPS 在 1200℃和 1300℃下进行烧结，研究了不同温度下，添加不同晶粒长大抑制时压坯的致密化行为，及其对性能的影响，分析了 SPS 烧结时的物质扩散动力学和 Co 相的比浓黏度，并指出 VC 能有效抑制 WC 晶粒的生长，但易产生孔隙，降低致密度，Cr_3C_2 能提高合金的硬度和致密度，具有相同组元的合金，烧结温度越高维氏硬度越大。尽管烧结样品温度的实时测量存在较大困难，但可以确定的是 SPS 能有效避免 WC 晶粒异常长大的情况，合金性能得到增强。

尽管 SPS 烧结具有快速、低温等优点，但 WC 晶粒尺寸仍会发生长大，这是因为在硬质合金烧结过程中，WC 晶粒的长大可通过表面扩散、体积扩散和微量的溶解-析出来完成的，在较低的温度时，表面扩散作用较为明显，而当温度升高，体积扩散占到主导地位，同时溶解-析出机制也在起作用。目前鲜有能制备出 WC 晶粒尺寸小于 200nm 的报道，W. Xingqing 等人在 1150℃下保温 5min，制备出 WC 晶粒尺寸为 275nm 的合金，并指出若在粉末中添加晶粒长大抑制，则有望得到晶粒更细的合金；S. Zhao 等人的试验研究表明，不管 WC 原始晶粒是几十纳米还是上百纳米，经过烧结后，其晶粒均会发生长大，约至 0.4～0.8μm。Sunkyu Lee 等人利用 SPS 技术在 1400℃和 1450℃下，保温 10min 烧结制备（质量分数,%）了 WC-5/10%Co 硬质合金，尽管在如此高的温度下进行烧结，文献中并未说明 Co 相是否有流失现象。本书作者近期曾研究过 SPS 烧结温度对晶粒尺寸的影响，结果表明 WC 晶粒尺寸均会长大，且在相同压力、保温时间的条件下，温度越高晶粒异常长大现象越明显，如图3-2所示，其中图 1-10a 烧结温度 1200℃，图 1-10b 烧结温度 1350℃。当温度达到 1300℃以上时，甚至出现 Co 相熔化成液相然后流出石墨模具的现象，导致合金黏结相含量低于配料时的预设值。

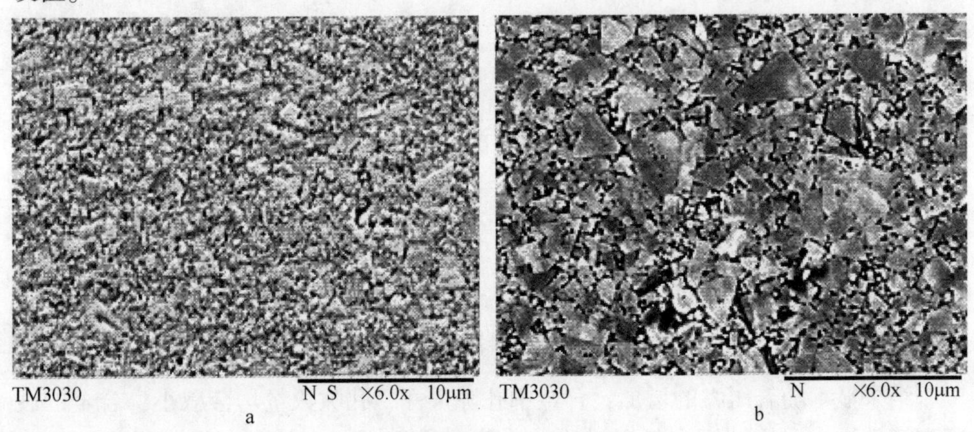

图 3-2 不同温度烧结的 WC-Co 硬质合金

a—1200℃；b—1350℃

3.6.2　烧结压力

SPS 压力在烧结过程中主要作用在于促进粉末颗粒移动重排、减少孔隙，并通过提升压坯的密度以增加烧结驱动力。宋晓艳分析了烧结温度与压力对合金致密度、显微组织和性能的影响，结果表明随着烧结压力的增大，试样致密度与硬度有显著提高，但对粗颗粒粉的晶粒尺寸影响不大，断裂韧性得到提高。M. Raihanuzzaman Rumman 在 1350℃ 的烧结温度条件下研究了 SPS 过程中压力对 WC-Co 硬质合金显微组织结构性能的影响，并得到合金 SEM 图（见图 3-3）和压力-维氏硬度-断裂韧性关系图（见图 3-4）。

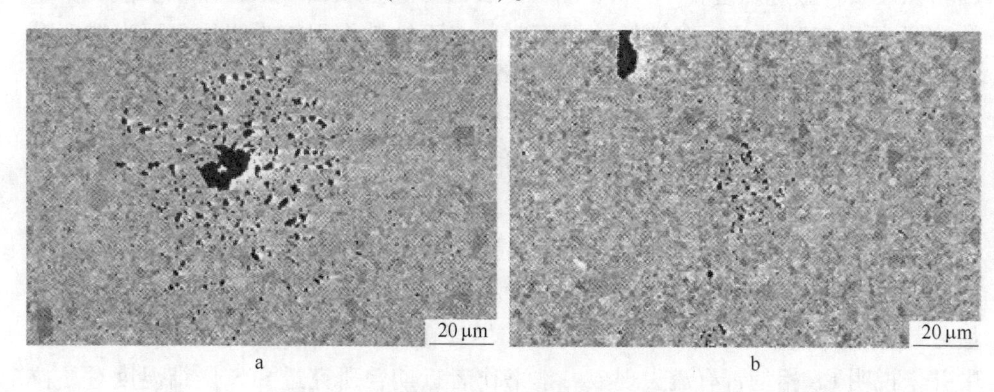

图 3-3　不同烧结压力制备的合金 SEM 照片
a—30MPa；b—60MPa

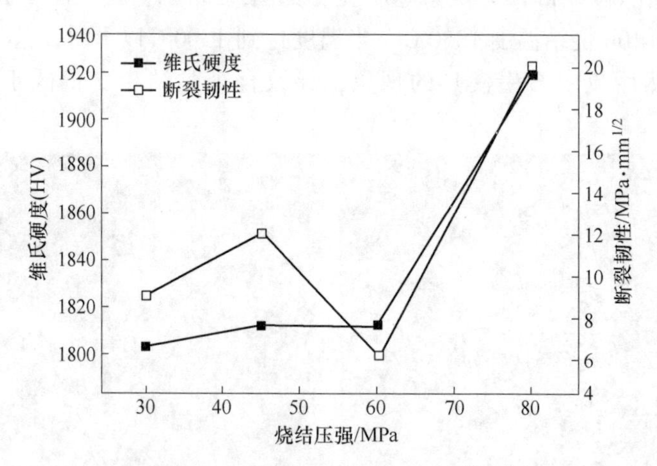

图 3-4　烧结压力对合金维氏硬度、断裂韧性的影响

结果显示随着压力的增加，合金中孔隙尺寸、孔隙数量均会减小，合金的硬度和韧性增大，烧结压力是通过影响合金的孔隙量、裂纹的起源数量和传播方式、WC 晶粒分布和 Co 相分布来对性能产生影响的。

孙兰将烧结温度设定为1200℃，较为系统地研究了压力对超细 WC-Co 硬质合金性能的影响，结果如图 3-5 所示。文献作者认为当压力在 40~55MPa 时，WC 晶粒相对较小且分布均匀，综合力学性能较好，其结果与文献［133］的有偏差，这是由于烧结温度不同导致的。

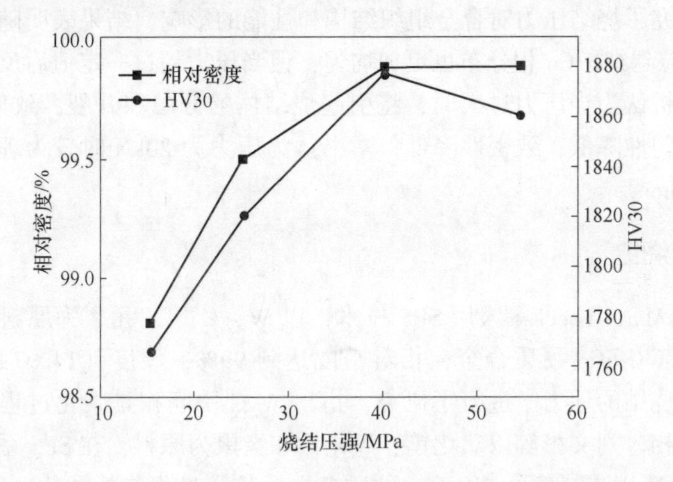

图 3-5 不同烧结压力下 WC-11Co 样品的相对密度、维氏硬度变化曲线

李志林等采用 SPS 制备了 WC-12Co 硬质合金，主要研究了压力（30MPa、50MPa）对合金致密化、显微组织及性能的影响，运用式（3-2）计算 WC 平均晶粒尺寸，检测结果如表 3-2 所示。

$$G_{wc} = \frac{C_2 + d_2 W_{Co}}{K - (C_1 + d_1 W)} \tag{3-2}$$

式中，K 为矫顽磁力，kA/m；W_{Co} 为钴含量；C_1、C_2、d_1 和 d_2 为常数，分别为 7.873、-3.421、-0.125 和 0.665。

表 3-2 SPS 烧结制备的超细硬质合金性能

烧结条件	WC 晶粒尺寸 /μm	相对密度 /%	HV30 /MPa	K_{IC} /MPa·m$^{1/2}$
1150℃、保温 3min、30MPa	0.22	98.8	14630	12.34
1150℃、保温 3min、50MPa	0.31	99.3	16920	13.18
1150℃、保温 5min、30MPa	0.23	99.3	15040	13.59
1150℃、保温 5min、50MPa	0.33	99.7	17430	12.73
1100℃、保温 5min、30MPa	0.21	99.1	14870	11.04
1100℃、保温 5min、50MPa	0.22	99.8	15800	10.74

文献作者分析认为提高 SPS 烧结压力能增加合金密度，但 WC 晶粒长大明

显，原因在于提高压力有利于增大粉末颗粒的表面及内部原子扩散速率，促进物质迁移和晶界移动，导致 WC 晶粒长大；同时认为在较低温度和较短保温时间下，压力对密度的影响更为显著。压力对合金性能的影响是通过对密度和 WC 晶粒尺寸的影响而起到作用的。

赵静研究了烧结压力对合金组织结构和性能的影响，结果表明随着压力的提高，WC 晶粒越细，Co 相分布也更加均匀，但当压力超过一定值后反而会恶化晶粒组织。分析认为当压力过大时，将引起烧结体的分层和开裂，致使晶粒粗化，组织分布均匀性降低，致密性降低，本书认为压力为 20kN 时较为理想，所用模具直径为 30mm。

3.6.3　反应烧结

Antonio Mario Locci 等人用 SPS 技术，以 W、C、Co 元素为原料一步法合成和烧结出了 WC-6Co 硬质合金，相对密度达到 99%，硬度（14.97±0.35）GPa，同时对合成烧结的动力学进行了研究，指出 W_2C 中间相是碳化过程中第一个出现的碳化物相。刘文彬等以氧化钨、氧化钴和炭黑为原料，在 SPS 系统内原位还原-碳化并快速烧结制备了 WC-6Co 硬质合金，整个过程包括预热、还原和碳化、烧结和保温阶段，研究了平衡反应热力学、动力学和分步反应过程，指出复合粉致密化开始于 804℃，于 1175℃时固相致密化结束，烧结温度、压力和保温时间明显影响 WC 晶粒尺寸及粒度分布，进而影响合金性能。

郭圣达课题组以钨粉、钴粉、炭黑、有机碳为原料，采用 SPS 技术一步反应烧结制备了 WC-6Co 硬质合金。研究了配碳量、烧结温度、保温时间和加压方式对硬质合金的显微组织结构和性能的影响。结果表明：碳含量为理论值 1.2 倍时合金物相为纯 WC 和 Co 相，无脱碳相，也未发现游离碳；烧结温度在 1250℃时，WC 晶粒均匀且无异常长大，合金致密化程度较高；保温时间设置为 5min 时，合金致密度达到 14.73g/cm^3，随着保温时间的进一步延长，合金密度变化较小；在 W、Co 和 C 混合粉末烧结初期施加 30MPa 压强，待温度升到 800℃时再将压强加到 50MPa 制备的合金孔隙较少，致密化程度高。

3.6.4　技术展望

SPS 属于快速成型烧结新技术，具有不可取代的优点，通过 SPS 技术有望制备出性能更加优异的 WC-Co 硬质合金材料。通过分析其研究现状，认为以下三个方面将是 SPS 在硬质合金制备研究中的重点发展方向：

（1）在 SPS 烧结时，WC 晶粒的长大是通过表面扩散、体积扩散和微量的溶解-析出完成的。但在不同的烧结温度、烧结压力等条件下，何种机制占主导地位、晶粒长大过程控制和主导扩散或溶解-析出行为的动力学研究尚不完善。

（2）常用SPS设备采用K型热电偶与红外测温仪相结合的测温系统，由于K型热电偶精确测温范围在800℃以下，温度超过1000℃时，热电偶易损坏；而红外测温仪一般在900℃以上才准确。硬质合金烧结温度多在1100~1300℃之间，使得烧结温度曲线中有一段缺失。

（3）温度在烧结中至关重要，如何能正确测量出样品表面与内部的温度梯度和温度分布情况，对烧结致密化、晶粒长大等过程和机理研究将会有巨大的帮助。

3.7 本章小结

本章主要阐述了硬质合金材料制备过程中最重要的烧结工艺的研究现状，主要包括氢气烧结、真空烧结、热等静压烧结、低压烧结、微观烧结和放电等离子烧结等，简要阐述了上述不同烧结方法的特点，最后针对放电等离子烧结技术进行了深入的介绍。

4 WC-Co 硬质合金的腐蚀

随着现代工业的快速发展，人们除了要求硬质合金具有高硬度、高耐磨性和良好的韧性以外，还对合金耐腐蚀性能提出了更高的要求，以期在有腐蚀介质的环境下能够长期服役，如用于石油化工、海洋环境的各种泵（阀）零件、密封件等。WC-Co 硬质合金中的 WC 惰性大，在酸性条件下很稳定，但是在碱性条件中易发生腐蚀；Co 在碱性中稳定，在酸性溶液中极易被腐蚀，因此 WC-Co 硬质合金的耐腐蚀性能还与其服役的环境密切相关。自 20 世纪 80 年代开始，国内外学者对硬质合金的腐蚀性能展开了实验研究并取得了一些研究成果。

4.1 腐蚀过程与机理

在酸性条件下硬质合金中的 WC 很稳定，因此合金的腐蚀主要与 Co 黏结相有关。合金腐蚀时 Co 黏结相首先失去电子发生氧化行为生成 Co 氧化物，随着腐蚀的持续进行，生成的 Co 氧化物越来越多并溶解于溶液当中，合金表面由于腐蚀应力的作用出现裂纹，WC 颗粒由于失去 Co 黏结相的黏附作用发生脱落。图 4-1a 为作者课题组制备的 WC-Co 硬质合金在 0.1mol/L 的 HCl 溶液中电化学腐蚀后的 SEM 形貌图，从图可知合金表面形成了大量裂纹和孔洞。

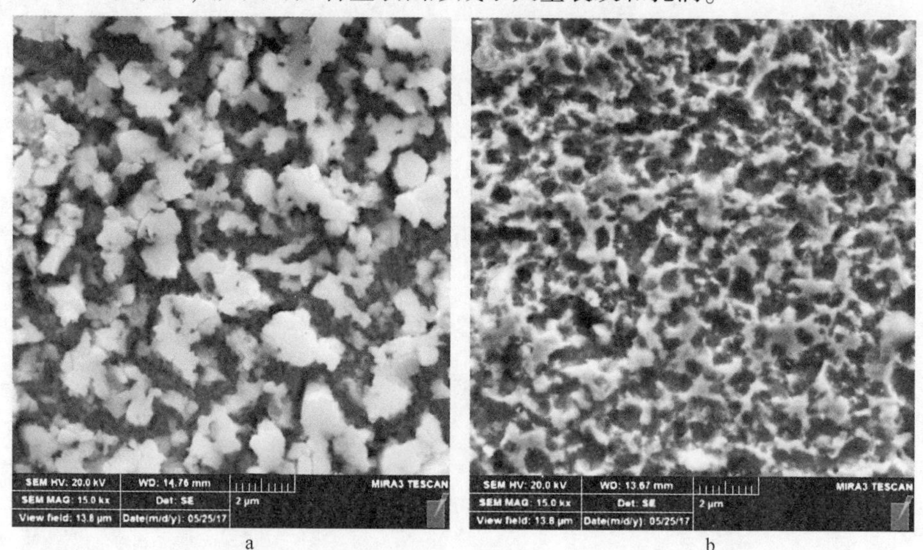

图 4-1 WC-Co 硬质合金腐蚀后的 SEM 形貌

a—0.1mol/L HCl；b—0.1mol/L NaOH

在碱性条件下合金的 Co 黏结相相对稳定而 WC 会与溶液中的 H_2O 等发生反应生成含 W 氧化物并溶入溶液中，在宏观上表现为 WC 晶粒位置出现凹坑，图 4-1b 为 WC-Co 硬质合金在 0.1mol/L 的 NaOH 溶液中电化学腐蚀后的 SEM 形貌图。

WC-Co 硬质合金由硬质相 WC 和 Co 黏结相组成，两者的标准氢电极相差约 0.5V，当合金被置于溶液中或者处于含有水分的空气环境中时，相邻的 WC 和 Co 黏结相就会因为存在电位差而构成原电池，Co 黏结相作为原电池的阳极发生氧化反应逐渐在合金表面形成氧化层，随着腐蚀的进行氧化层发生溶解，使合金中内部的黏结相也与溶液等腐蚀介质直接接触而被氧化；与此同时，硬质相 WC 在原电池中作为阴极起到传导电子的作用，腐蚀介质（如水）中的物质在阴极上得到电子从而发生还原反应。WC-Co 硬质合金酸性腐蚀示意图如图 4-2 所示。

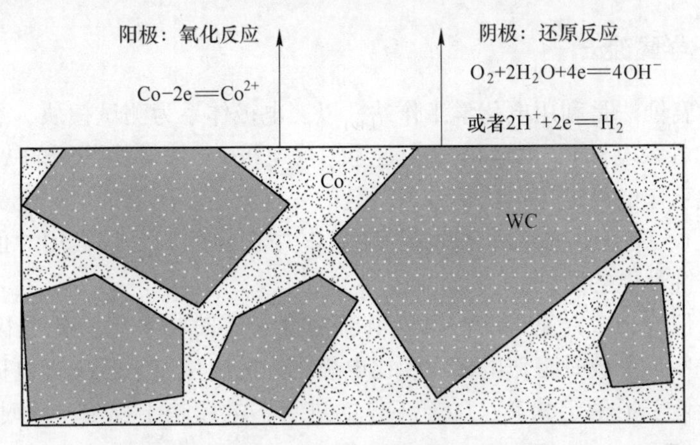

图 4-2 WC-Co 硬质合金表面腐蚀示意图

4.2 腐蚀性能的评定方法

目前常用于测评 WC-Co 硬质合金腐蚀性能的方法主要有浸泡法和电化学腐蚀法两种，其中浸泡法较为简单，但是这种方法比较耗时，并且在多次取出样品进行称量时易产生误差；电化学腐蚀法是利用电化学工作站，采用三电极体系对合金样品进行电化学测量来表征合金的耐腐蚀性能的一种方法。

4.2.1 浸泡法

浸泡法是将已知质量的样品置于特定的腐蚀溶液中浸泡一定时间，使样品在溶液中发生自然腐蚀，然后将样品取出、清洗、干燥后称量剩余质量，以样品质量的减少量除以样品原始质量的比值来衡量合金的耐腐蚀性能。

鲍瑞以 HNO_3+HCl 为腐蚀溶液，将分别由微波烧结、真空烧结制备的 WC-8.5Co 硬质合金为研究对象，各称量 10g 合金置于腐蚀溶液中浸泡 100h 后取出，用合金质量的减少量来评定 WC-Co 硬质合金的耐腐蚀性能。

Hongyuan Fan 等人采用浸泡法研究了 WC 含量对 Ti(C,N) 基陶瓷材料在 HNO_3 溶液中的腐蚀行为，浸泡步骤主要有：首先将样品磨、抛后用无水乙醇清洗和干燥，称量后在室温下浸泡于 2mol/L 的 HNO_3 溶液中；经过 6h 后将样品取出并超声清洗 5min 以去除黏附的残余腐蚀溶液，然后在 80℃ 下干燥 24h，接着将样品进行称重；重复浸泡、清洗、称重步骤直到总的浸泡时间达到 48h。使用式（4-1）计算合金的腐蚀率 c。

$$c = \frac{\Delta m}{At} \tag{4-1}$$

式中，c 是合金腐蚀率，$g/(m^2 \cdot h)$；Δm 为样品失去的质量，g；t 为浸泡时间，h；A 为样品浸泡在腐蚀溶液中总的表面积，m^2。

4.2.2　电化学腐蚀法

电化学腐蚀法是利用电化学工作站，以三电极体系为测试模块，选取参比电极（如饱和甘汞电极）、对电极（一般为铂片电极），然后将要测的 WC-Co 硬质合金制备成工作电极进行电化学数据测量的一种方法。测量的电化学数据有开路电位（OCP）、交流阻抗和极化曲线三种，其中极化曲线是最常用，也最能反映出合金耐腐蚀性能的数据。

开路电位（OCP）是指工作电极电流密度为零时相对于参比电极的电极电位，也就是不带负载时工作电极和参比电极之间的电位差。当工作电极刚开始工作时，电极处于不稳定状态，随着工作的进行，电极趋于稳定，此时 OCP 逐渐减小并趋于稳定。

当电极受到一个由正弦波形电位或电流的交流讯号引起的扰动时，会产生一个相应的电流或者电位的响应讯号，利用正弦波信号测量得到电位与电流密度的比值叫作阻抗，再将测量结果在一定的坐标体系下用曲线或者实验点表示出来，称之为电化学阻抗谱图，其又分为 Nyquist 和 Bode 两类。由阻抗谱图推测反应电极的等效电路，进而可以分析出电极系统中所包含的动力学过程和腐蚀机理；再由等效电路中有关元件的参数值可估算出电极系统的电荷转移反应电阻 R_t、电极电容 C 和扩散传质过程数据等动力学数据。

极化曲线又称为塔菲尔曲线，由阳极极化曲线和阴极极化曲线组成，指的是当工作电极进行极化反应时，电极电位 E(vs Reference Electrode)与测量的电流密度 i 之间的关系。通过分析极化曲线可以得到相对于参比电极的自腐蚀电位(E_{corr})、临界电流密度(i_{crit})、腐蚀电流密度（i_{corr}）等参数。其中 E_{corr} 表示电极在某一个给定的电化学腐蚀条件下的热力学趋势，E_{corr} 越负则工作电极越易受到腐蚀；i_{crit} 和 i_{corr} 值反映了电极腐蚀过程的腐蚀速率动力学特征，两种电流密度值越大，说明电极的腐蚀速率越快。

4.3 腐蚀性能的影响因素

WC-Co 硬质合金的腐蚀性能主要受到 WC 平均晶粒尺寸、Co 黏结相含量和添加剂的影响，对相关文献的归纳综述如下。

4.3.1 WC 晶粒尺寸

研究表明 WC-Co 硬质合金的 WC/Co 界面处有一层厚度约为 50nm 的薄 Co 层，其内部溶解的 W 含量远低于 Co 黏结相主体的含量，因此合金易在 WC/Co 界面处发生腐蚀。随着 WC 晶粒的减小，合金中 WC/Co 界面增多，根据文献的观点合金的耐腐蚀性能越差。

张立等人研究了 WC 晶粒尺寸依次为 1.2μm、2.6μm、6.1μm 和 8.2μm 的 WC-10Co 硬质合金分别在 NaOH(pH=13)、Na_2SO_4(pH=7) 和 H_2SO_4(pH=1) 溶液中的电化学腐蚀性能。结果表明在 NaOH 和 Na_2SO_4 溶液中，WC 晶粒尺寸越小合金耐腐蚀性能越好，而在 H_2SO_4 溶液中合金耐腐蚀性随着 WC 晶粒尺寸的增大而增加。但是 WJ Tomlinson 研究了 WC 晶粒尺寸为 1.4μm 和 3.0μm 的 WC-6Co 硬质合金在酸性溶液中的腐蚀性能，结果显示合金的钝化电流密度随着 WC 晶粒尺寸的增大而增加，说明合金耐腐蚀性能随着 WC 晶粒尺寸的增大而下降。这个结果与文献 [148] 的相反。AM Human 研究了 WC-10Co 硬质合金在 H_2SO_4 溶液中的耐腐蚀性能随着 WC 晶粒尺寸的变化规律。结果表明随着 WC 晶粒尺寸的增加（从 1.0~5.0μm）合金的极化曲线并无明显变化，说明合金耐腐蚀性对 WC 晶粒尺寸并不敏感。F. J. J. Kellner 等人研究了不同 WC 晶粒尺寸的 WC-Co 硬质合金在碱性溶液中的电化学腐蚀行为，结果表明随着 WC 晶粒尺寸的减小合金具有更高的耐腐蚀性能。

综合文献发现尽管有学者研究了 WC 晶粒尺寸对硬质合金耐腐蚀性能的影响，但是不同学者的结论存在差异，有的结论甚至是相反的，因此针对 WC 晶粒尺寸对合金耐蚀性能的影响仍然需要更加深入和系统的研究。另外文献中研究的 WC 晶粒尺寸多在 1.0μm 以上，针对细晶、超细和纳米晶硬质合金中晶粒尺寸对合金在不同 pH 值溶液中的电化学腐蚀性能的研究较少。

4.3.2 Co 黏结相

Co 黏结相对合金耐腐蚀性能的影响主要有 Co 黏结相的成分、结构的影响。F. J. J. Kellner 等人认为 WC 晶粒越小导致 Co 黏结相中溶解的 W 和 C 越多，并会抑制 fcc-Co 向 hcp-Co 转变，由此会增强合金的耐腐蚀性能。

A. M. Human 等人研究了 WC-6Co 和 WC-16.5Co 两组合金在 0.5mol/L 的 H_2SO_4 溶液中的电化学腐蚀行为，结果表明两组合金的腐蚀电位值相差很小，说明 Co 含量对合金腐蚀的热力学趋势影响较小；但是 WC-16.5Co 的电流腐蚀密度明显比 WC-6Co，说明前者在腐蚀过程中具有更大的腐蚀速率，这可能是 Co 含量越多导致合金的 Co 黏结相与溶液接触面积增大导致的。

张立等人利用 SPS 和 HIP 制备了无黏结相 WC 基硬质合金和 WC-10Co 硬质合金，WC 晶粒尺寸分别为 0.4μm 和 0.75μm。采用浸泡法置于 1mol/L 的 NaOH 溶液中进行腐蚀，每七天更换一次腐蚀溶液，直到浸泡时间达到 28 天。结果显示无黏结相硬质合金在碱性溶液中表现出优异的耐腐蚀性，WC-10Co 合金的腐蚀速率约为无黏结相合金的 6.4 倍。

4.3.3 添加剂

J. H. Potgieter 等人研究了 Ru 对 WC-Co 硬质合金在 1mol/L 的 H_2SO_4 溶液中腐蚀行为的影响。分析认为添加剂能使 H 的过电位下降，从而使极化曲线中阴极部分的斜率下降，增强合金的耐腐蚀性能；另外 Ru 能抑制 fcc-Co 向 hcp-Co 转变，提高耐腐蚀性。文献作者还研究了分别添加 0.4%的 Ru 和 0.4%的 VC 对合金耐腐蚀性能的影响，结果表明添加了 0.4%的 Ru 的合金具有更好的耐腐蚀性。南非 C. N. Machio 等人研究了 VC 含量对 WC-10Co 硬质合金分别在 1mol/L 的 HCl 和 1mol/L 的 H_2SO_4 溶液中的腐蚀行为：开路电位 OCP 随着 VC 含量的增加向负向偏移，腐蚀电流密度下降，并且均出现了伪钝化行为；但是通过分析计时电流曲线发现当 VC 含量为 0 时合金的腐蚀电流密度最小。通过对腐蚀后合金表面进行分析发现在 HCl 中的合金表面存在有 $WO_3 \cdot H_2O$，而 H_2SO_4 溶液中的合金表面除了 $WO_3 \cdot H_2O$ 还存在 $VOSO_4 \cdot H_2O$，但是检测结果显示合金在 H_2SO_4 溶液中的腐蚀电流密度高于在 HCl 中的，说明 V 在 H_2SO_4 中参与了腐蚀反应，但却未表现出有益性。然而 Gregor Mori 等人的研究却认为 WC-Co 合金在 HCl 中的腐蚀电流密度大于 H_2SO_4 中的，说明合金在 HCl 中的腐蚀速率更大。这个结论与文献［156］的相矛盾。

Ni、Cr_3C_2 能够增强合金的耐腐蚀性，但是会损害合金的机械性能。有学者研究了 TiC 对 WC-Co 硬质合金在碱性溶液中腐蚀行为的影响，结果显示 TiC 能够使 OCP 向正向移动，增强合金的耐腐蚀性、减小腐蚀电流密度。但是 Mori G. 认为少量的 TiC 和 TaC 对 WC-Co 硬质合金腐蚀性能的影响很小，当 TiC 和 TaC 添加量增大时合金耐腐蚀性才能得到增强。韩国 Sunmog Yeo 等人通过在 WC-Co 合金表面涂覆 SiC 涂层以达到增强合金耐腐蚀性能的目的，研究结果表明涂覆了 SiC 的合金在 1mol/L 的 NaOH 溶液中的腐蚀电流密度比未涂覆合金的低 50 倍，并且合金耐腐蚀性随着 SiC 涂层厚度的增加而增强；另外涂覆了 SiC 的合金在 0.5mol/L 的 H_2SO_4 溶液中的腐蚀电流密度比未涂覆合金的低 3 倍。说明 SiC 涂层能够同时增强 WC-Co 合金在酸性和碱性溶液中的耐腐蚀性能。

4.4 本章小结

本章主要介绍了 WC-Co 类硬质合金腐蚀性能方面的研究现状，首先阐述了合金在不同腐蚀环境下的腐蚀过程与机理；随后综述了硬质合金腐蚀性能的评定及操作方法；最后总结了硬质合金腐蚀性能的影响因素及其对合金耐腐蚀性能的作用。

5 实验原料与方法

本章主要介绍了短流程制备 WC-Co 复合粉实验用原材料的形貌特征、成分配比、设备、WC-Co 复合粉的喷雾转化、煅烧和低温合成制备工艺、WC-Co 硬质合金制备工艺、材料微观组织的观察和性能测试方法等内容。

5.1 实验原料与设备

5.1.1 实验原料

制备超细晶 WC-Co 复合粉的原料主要有用作钨源的偏钨酸铵(AMT)、用作钴源的醋酸钴($C_4H_6O_4 \cdot Co \cdot 4H_2O$) 和用作碳源的葡萄糖($C_6H_{12}O_6$)。主要原料化学成分如表 5-1 所示，AMT 和 $C_4H_6O_4 \cdot Co \cdot 4H_2O$ 的微观形貌如图 5-1 所示。两种主要原料均呈松散状态，在喷雾溶液的配制过程中有利于粉末的溶解。

表 5-1 制备复合粉用原料化学成分表（质量分数,%）

原料	Fe	Ni	K	Ca	Mg	Cu	Mn	Zn	Sb	Bi	其他杂质	W/Co
AMT	0.001	0.001	0.020	0.030	0.004	0.007	0.006	0.027	0.091	0.101	0.054	65.000
$C_4H_6O_4 \cdot Co \cdot 4H_2O$	0.030	0.010	0.020	0.030	0.008	0.010	0.020	0.010	0.066	0.015	0.061	24.500

硬质合金制备过程中加入的添加剂主要有钼粉(Mo)、碳化钼(Mo_2C)、三氧化二钇(Y_2O_3) 和铜粉(Cu)，纯度(质量分数) 在 99.95%以上。图 5-2 为四种添加剂的微观形貌图，从图中可以看出添加剂 Mo、Mo_2C、Y_2O_3 和 Cu 的粒度尺寸分别为 0.8μm、1.2μm、0.15μm 和 5.0μm。

5.1.2 实验设备

制备超细晶 WC-Co 复合粉的设备主要有喷雾干燥塔（BLP-GZ/100KL）和连续式煅烧、还原碳化一体炉（TSJ/1600)，均由湖南顶立科技有限公司提供，设备照片如图 5-3 所示。

喷雾干燥塔采用高速离心雾化器对溶液进行雾化，离心转速 5000~15000r/min 可调；采用热空气对雾滴进行干燥，进气温度范围 80~280℃、出气温度范围 50~150℃；进料速率范围 500~5000mL/min。

图 5-1 AMT 和 $C_4H_6O_4 \cdot Co \cdot 4H_2O$ 的微观形貌图

a—AMT；b—$C_4H_6O_4 \cdot Co \cdot 4H_2O$

连续式煅烧、还原碳化一体炉具有密封性好、温度分布均匀等优点，主要由加热区炉体、水冷系统等部分组成，最高加热温度 1600℃，可通氮气、氢气。

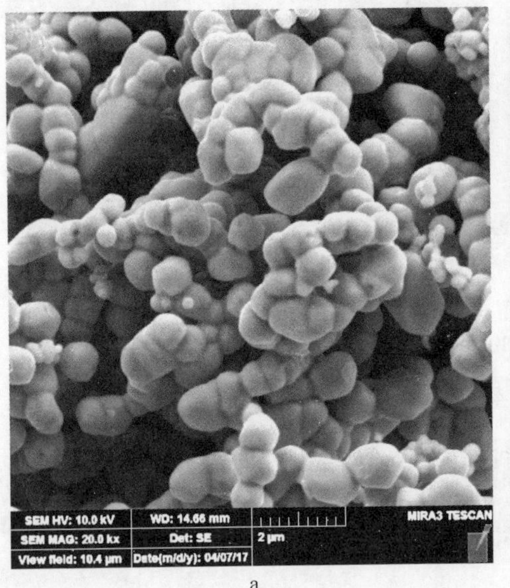

c

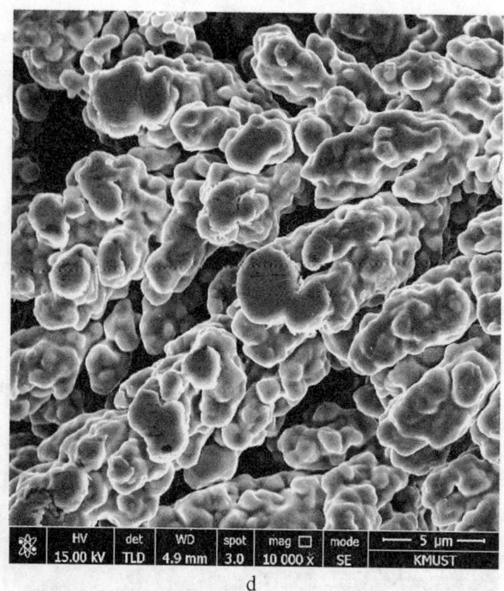

d

图 5-2　实验用添加剂的微观形貌图

a—Mo；b—Mo_2C；c—Y_2O_3；d—Cu

a

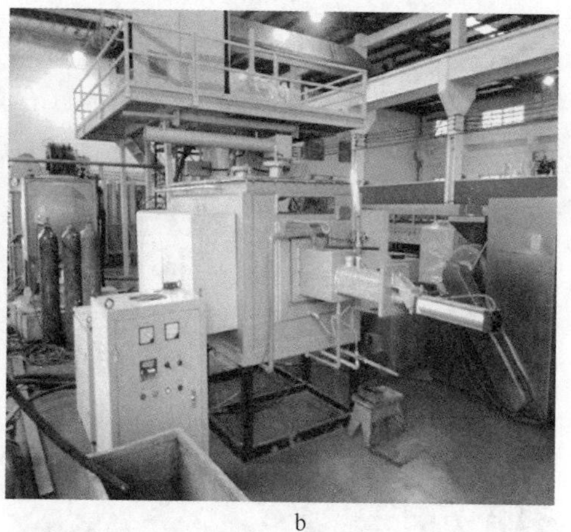

b

图 5-3　实验用设备现场图

a—喷雾干燥塔；b—连续式煅烧、还原碳化一体炉

制备硬质合金主要用到的设备如三辊球磨机、行星球磨机由湖南顶立科技有限公司提供。图 5-4 所示为实验用放电等离子烧结设备（型号 SPS-20T-10）及其示意图，设备购自上海晨华电炉有限公司，最高烧结温度 2200℃、模具直径 10~40mm 可调、烧结压强小于 60MPa。

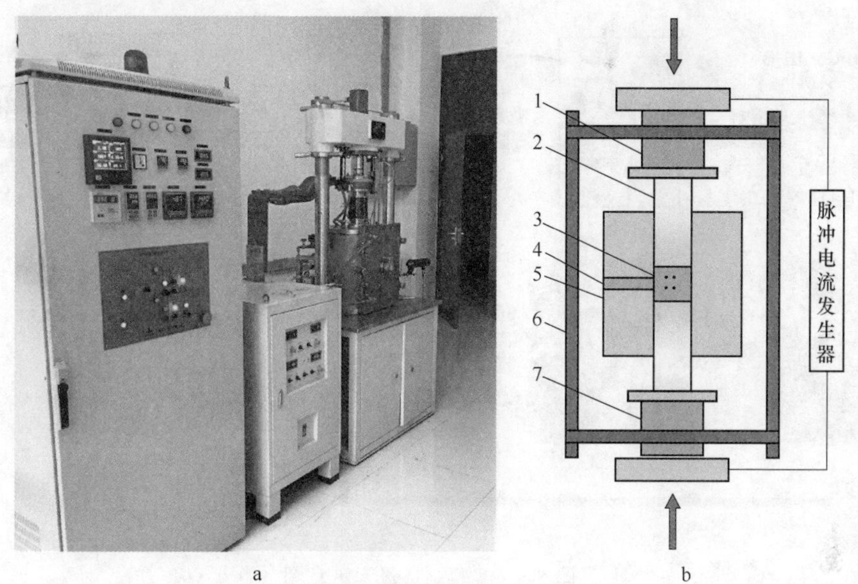

图 5-4 实验用放电等离子烧结设备

a—现场图；b—示意图

1—上压头；2—压杆；3—粉末样品；4—测温孔；5—模具；6—炉壁；7—下压头

5.2 实验过程与方法

5.2.1 实验过程

WC-Co 复合粉短流程制备及硬质合金制备过程示意图如图 5-5 所示。与复合粉的传统制备工艺相比较，短流程制备工艺将氧化钨还原、氧化钴还原、W 粉碳化、WC 与 Co 的长时间湿磨等工艺集中三步完成，大幅减少了制备步骤。

5.2.2 超细晶 WC-6Co 复合粉的制备

以 WC-6Co 复合粉为最终成分，称量 AMT、$C_4H_6O_4 \cdot Co \cdot 4H_2O$ 和 $C_6H_{12}O_6$，将粉末装入不锈钢容器内，再加入去离子水将粉末溶解，不断搅拌至粉末完全溶解配制成含钨钴碳的混合溶液，此时钨、钴、碳在溶液中达到分子级均匀混合。将配制好的混合溶液转移至喷雾干燥塔内，设置离心转速、进/出气温度、进料速率等参数，边搅拌边进行离心雾化干燥制备得到含钨钴碳的前驱体粉末。

将喷雾制备的前驱体粉末置于连续式煅烧、还原碳化一体炉中，通入氮气作为保护性气体，设置煅烧温度、升温速率、粉末料层厚度等参数，对粉末进行煅烧处理，得到含碳的钨、钴氧化物。随后经 4h 球磨得到分散的氧化物粉末。

最后将氧化物置于一体炉中，通入氢气作为还原性气体，设置还原碳化温

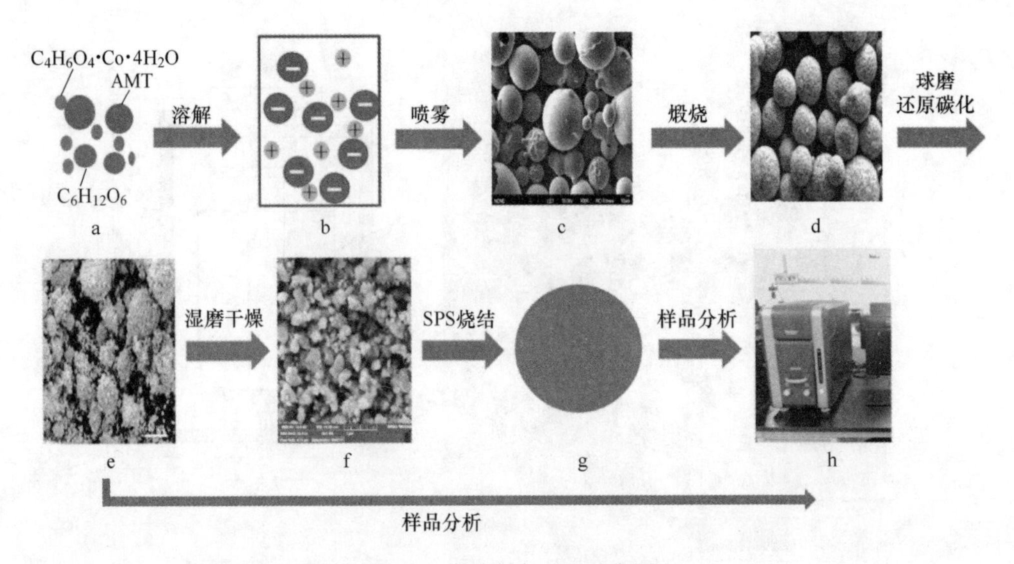

图 5-5　实验制备过程示意图

a—原料混合；b—多元溶液；c—钨钴碳前驱体；d—钨钴碳氧化物；e—超细 WC-Co 复合粉；f—WC-Co 复合粉；g—细晶 WC-Co 硬质合金；h—分析检测

度、升温速率、料层厚度、氢气流量等参数，对粉末进行还原碳化处理，制得超细晶 WC-6Co 复合粉。

5.2.3　细晶/超细晶 WC-6Co 硬质合金的制备

以 5.2.2 方法制备的 WC-6Co 复合粉为原料，称量添加剂后装入不锈钢球磨罐中，再经三辊球磨混合后制得含不同添加剂的 WC-6Co 混合粉；若不加入添加剂复合粉也可直接装入模具中烧结。球料比为 5∶1，球磨球为直径 6mm 的硬质合金球，设置球磨转速为 100r/min，球磨时间 48h。将球磨好的料浆置于真空干燥箱中在 70℃下加热真空干燥 4h。为对比复合粉与传统 WC 与 Co 球磨制备的混合粉对硬质合金性能的影响，称量等比例 WC、Co 粉，经同样球磨、干燥工艺后制备出传统球磨混合料。

称量球磨制备的混合粉末 20g，置于直径为 20mm 的石墨模具中，再将装有粉末的模具放入 SPS 炉内，分别设置烧结压强、加压模式、烧结温度等参数，通电直接加压加热一步烧结制备出 WC-6Co 硬质合金。

5.3　本章小结

本章介绍了实验用原材料的形貌特征、成分配比和实验设备的性能指标，阐述了 WC-Co 复合粉的喷雾转化、煅烧和低温合成制备工艺参数选取以及 WC-Co 硬质合金制备工艺参数的选取。

6 分析测试方法

6.1 成分分析

6.1.1 总碳

称量一定质量的粉末，再放入由不改变试样化学成分的材料制成的研钵中（如玛瑙研钵）研碎成粉末，过筛后置于高温、高纯氧气气氛炉中使 C 与 O 充分反应生成 CO_2，再将生成的 CO_2 由氧气转移到提前放置了烧碱石棉的恒量吸收瓶中，此时烧碱石棉吸收 CO_2，重量增加，称量烧碱石棉的增量，即为 CO_2 的质量，从而可由此计算出粉末中总碳的含量。

测试过程需要用到的分析纯试剂主要有蒸馏水、每立方米氧气中含碳杂质的极限量≤0.6mL 的高纯氧化、烧碱石棉。总碳量的质量分数以 w 计，数值以百分数%表示，按式（6-1）计算。

$$w = 27.29 \times \frac{m_2 - m_1}{m_0} \tag{6-1}$$

式中，m_0、m_1、m_2 分别为粉末样品质量、空白试验测得的二氧化碳量、燃烧试样测得的二氧化碳量，g。

6.1.2 游离碳

测试过程需要用到的分析纯试剂主要有蒸馏水、密度为 1.20g/mL 的硝酸和密度为 1.12g/mL 的氢氟酸，测试步骤如下：

（1）称取 2.50g 研磨后的粉末，倒入铂皿中，倒入 75mL 硝酸后置于蒸汽浴上加热 5min，接着逐滴加入 10mL 氢氟酸并持续加热 1h 直至粉末完全溶解为止。

（2）用陶瓷过滤器将步骤（1）的溶液过滤，使残渣留在过滤器上，再放入舟皿中加热到 110℃烘干；每一次测定均应进行空白试验进行对照。

（3）将烘干后的残渣按总碳测量步骤进行操作、计算得到游离碳的含量。

6.1.3 氧

将研磨后的粉末样品放入舟皿中，通入氢气排除加热炉内的其他气体，加热使粉末中的 O 与 H 反应生成 H_2O，生成的 H_2O 随着氢气转移至炉外的 U 形吸附管，使 H_2O 完全被吸附；接着称量U形吸附管的增重即为 H_2O 的重量，按照式（6-2）计算出粉末中O的含量。

$$w = 88.889 \times \frac{m_2 - m_1}{m_0} \tag{6-2}$$

式中，m_0、m_1、m_2 分别为粉末样品质量、U形管吸附前质量、U形管吸附后的质量，g，精确至0.001g。

6.2　物性分析

6.2.1　密度

根据阿基米德原理，用排水法测定硬质合金的密度。首先将烧结后的硬质合金表面用金刚石磨盘磨平，称量制好的合金样品在空气中的质量（P_1），然后再将合金放入水中称量出水中的质量（P_2），最后按式（6-3）计算出合金的密度 ρ，g/cm³，合金的相对值则由实测密度除以理论密度获得。

$$\rho = \frac{P_1 d}{P_1 - P_2} \tag{6-3}$$

式中，P_1 为合金在空气中的质量，g；P_2 为合金在水中的质量，g；d 为测量时水的密度，通常取1.0000g/cm³，根据测量时温度的不同，可按表6-1进行修正。

表6-1　水密度修正表

温度/℃	密度/g·cm⁻³	温度/℃	密度/g·cm⁻³	温度/℃	密度/g·cm⁻³
15	0.9981	20	0.9972	25	0.9960
16	0.9979	21	0.9970	26	0.9958
17	0.9977	22	0.9967	27	0.9955
18	0.9976	23	0.9965	28	0.9952
19	0.9974	24	0.9963	29	0.9949

6.2.2　维氏硬度

硬度值表征材料抵抗变形的阻力大小。硬质合金检测硬度时常用的表示方法有维氏硬度（HV）和洛氏A硬度（HRA，负荷60kg）两种，其中维氏硬度精确度更高，论文中硬质合金硬度值的测量均采用维氏硬度表示，载荷为30kg。

采用丹麦EZ-mat公司的Q60A全自动维氏硬度计测量合金的HV。首先利用标准硬度块对仪器进行校准；再将合金表面用金刚石磨盘磨平，再用7.0μm、1.0μm金刚石抛光膏进行抛光，以便于在显微镜下观察、测量压痕对角线长度；

将抛光后平整的合金放在测试台上，设置载荷为30kg、保压时间10s，再测量对角线长度，根据式（6-4）计算出合金的维氏硬度HV。

$$HV = 1.8544\frac{P}{D^2} \tag{6-4}$$

式中，HV为维氏硬度，MPa；P为施加的载荷（30kg）；D为压痕对角线长度，mm。

6.2.3 断裂韧性

当材料受到外部应力作用时，材料内部存在的微细裂纹或缺陷可作为断裂扩展源，在应力作用下裂纹源迅速扩展，此时材料所反映出的阻力大小即为断裂韧性。硬质合金的断裂韧性是指合金抵抗裂纹扩展的能力，是衡量材料抗裂纹扩展性的指标。通常断裂韧性的测定是按照GB 1817—1995硬质合金常温冲击韧性试验方法来进行，但由于本书制备的硬质合金尺寸为直径20mm的圆片，无法满足国标中规定的尺寸要求，因此本书的断裂韧性值采用Palmqvist indentation法进行计算。

利用6.2.2小节中测量维氏硬度的步骤，压痕的四个角会出现裂纹，如图6-1所示。

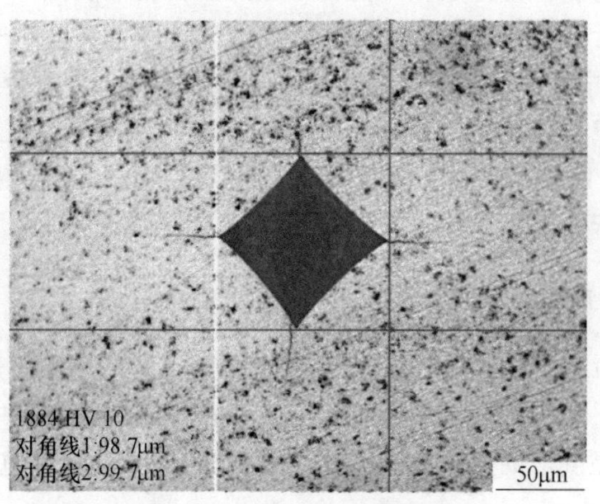

图6-1 维氏硬度压痕裂纹图

利用光学显微镜或扫描电镜可测量出四条裂纹从压痕顶端至裂纹尾端的长度l_i(mm)，利用式（6-5）可计算出合金的断裂韧性值W_k(MPa·$m^{1/2}$)。

$$W_k = 0.0028\sqrt{HV \times \frac{P}{\Sigma l_i}} \tag{6-5}$$

式中，HV为维氏硬度MPa；P为载荷，N；l_i为裂纹从压痕顶端至尾端的长度，mm。

6.2.4 物相分析

将制备的粉末直接在 X 射线衍射专用玻璃凹槽片上压平；或者将合金分别磨、抛后用无水乙醇超声波清洗 5min，真空烘干后即可获得 XRD 检测样品。XRD 仪器为荷兰帕纳科锐影（PANalytical，Empyrean），Cu 靶，$\lambda=0.15406$nm，2θ 扫描范围 20°~80°，采用步阶扫描模式，步长 0.026°。

6.2.5 晶粒尺寸及微观结构

利用线性截距法原理测量统计硬质合金 WC 的平均晶粒尺寸及晶粒尺寸分布频率。原始 WC 为六方晶，在烧结过程中 WC 晶粒会长大，长大后的 WC 相在合金组织中通常表现为三角形、矩形或梯形。

首先将硬质合金表面用金刚石磨平，随后抛光处理；在 20~30℃范围内用等量（质量分数）的 10%~20%铁氰化钾和氢氧化钠混合溶液对合金表面进行腐蚀，时间保持 10~20s 后立即用水冲洗，再用无水乙醇将表面清洗多次，真空烘干后送扫描电镜（SEM，FEI，MLA650F）在 BSE 模式下观察。随机选取不同视场的 SEM 照片，至少测量 100 个 WC 晶粒，再根据晶粒的分组尺寸，计算出该组晶粒尺寸所占的体积百分数，即得出 WC 的晶粒尺寸和分布频率。

将合金磨抛后的试样用无水乙醇将表面清洗干净，真空烘干后送扫描电镜在 SE 模式下观察，同时用电镜附带的能谱仪（EDS）对合金成分进行分析。

将合金制备成直径 3mm 的薄片，并利用离子减薄形成小孔后，利用荷兰 FEI 公司的 Tecnai G2 TF30 场发射透射电子显微镜对样品薄区进行观察，并且用 EDS 对观察区成分进行分析。

6.2.6 元素价态分析

利用 PHI5000 Versaprobe-Ⅱ型 X 光电子能谱仪对粉末和经过磨抛处理后的合金进行表面元素化学价态分析，可确定各元素在不同实验过程中的价态及存在形式，为后续研究提供帮助。测试时采用 Al 靶作为阳极，施加电压 15kV。

6.2.7 矫顽磁力

硬质合金因含有具有铁磁性的物质 Co 而具有铁磁性材料的特征。当合金 Co 含量（质量分数）小于 10%时，随着 Co 含量的增加 H_C急剧下降；当合金 Co 含量（质量分数）大于 10%时，随着 Co 含量的增加 H_C缓慢下降。

测量时，先将合金置于直流磁场中，使其长轴方向与磁场方向一致，使合金磁化到技术磁饱和状态。随后将磁化后的合金置于矫顽力测定装置的试样盒内，接通去磁线圈电源产生一个反向磁场，设置合金的去磁速度，此时合金被排斥，试样盘移动并带动指示线偏摆，继续增大去磁电流，指示线摆至某一最大位置，后又逐渐返回原位。此时试样不被磁场排斥，即可认为试样已无剩磁。记录去磁电源并按式（6-6）计算合金的矫顽磁力。

$$H_c = KI \tag{6-6}$$

式中，H_c为矫顽磁力，kA/m；K为仪器常数；I为电流强度，kA。

6.2.8 相对磁饱和

当合金中C含量偏低时，Co会与W、C生成脱碳相（η相），而η相是无磁性的，此时合金中具有磁性的黏结相含量减少，宏观上表现为合金磁饱和下降，因此也可以用相对磁饱和M_s间接反映合金中的碳含量。相对磁饱和的计算可通过式（6-7）进行。

$$M_s = \frac{ke}{1.6 W_{钴}} \tag{6-7}$$

式中，M_s为相对磁饱和；k为修正系数；e为合金实测比饱和磁化强度；$W_{钴}$为合金真实钴含量。

6.2.9 摩擦磨损

采用MRH-3G磨损实验机对硬质合金进行磨损试验，摩擦副为45号淬火钢制备的圆环，直径40mm，厚8mm，加载力固定为200N，转动速度为200r/min（约为25.12m/min），设置摩擦时间为3600s。试验完成后，将样品清洗干净干燥后置于Nano Map 500LS三维轮廓仪中对磨痕进行三维扫描。

6.3 电化学腐蚀

利用荷兰Ivium生厂的IviumStat.Xri型电化学工作站对合金样品进行电化学腐蚀行为测试。测试采用传统的三电极体系进行，分别以饱和甘汞电极（SCE）作为参比电极、以铂片电极（面积$4cm^2$）作为对电极、硬质合金作为工作电极（面积固定为$3.14cm^2$）。分别选取0.1mol/L的HCl和NaOH作为腐蚀溶液。

在测试前，工作电极需浸泡于相应的腐蚀溶液至少30min，使合金表面达到平衡状态，随后在室温下进行开路电位（Open Circuit Potential，OCP）、交流阻抗（EIS）和极化曲线（Tafel Plot，TP）的测试。电化学腐蚀实验工作示意图如图6-2所示。

6.3.1 开路电位

OCP是指工作电极电流密度为零时相对于参比电极的电极电位，也就是不带负载时工作电极和参比电极之间的电位差。当工作电极刚开始工作时，电极处于

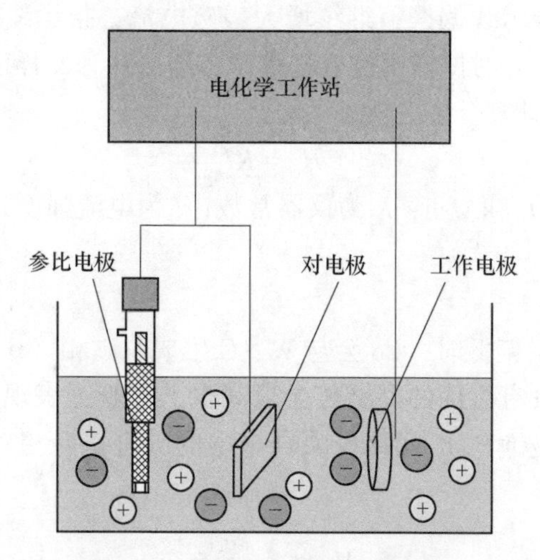

图 6-2 电化学腐蚀工作示意图

不稳定状态，随着工作的进行，电极趋于稳定，此时 OCP 逐渐减小并趋于稳定。

将各电极正确连接至电化学工作站后，选取“Open Circuit Potential”模式，设置测试时间为 400s 后点击开始，待测试过程结束后保存数据并记录 OCP 的稳定值（vs SCE）。

6.3.2 交流阻抗

在电化学操作软件界面选取“A. C impedance”模式，设置起始电位值为 6. 3. 1 小节记录的 OCP 值，Low 值设置为 0. 01，点击开始待测试过程结束后保存数据。

6.3.3 极化曲线

选取“Tafel Plot”模式，设置起始电位为 -1V，结束电位值为 +1V，Scan rate 设置为 5mV/s，设置灵敏度为 10mA/V，待测试结束后保存数据。

6.4 吉布斯自由能的计算

煅烧后的粉末主要由 WO_3、Co_3O_4、C 组成。本书采用低温原位合成，能够在短时、低温处理的条件下获得纯净的 WC-Co 复合粉末，但是在这个处理过程中将发生非常复杂的化学反应。因此为了更好地分析反应过程、各元素的存在形式，论文采用了热力学计算对反应过程进行分析。

经典热力学计算方法有两种：第一种是应用标准反应熵差和标准反应热效应来计算，还有一种是应用标准反应热效应计算，两种方法的本质和计算结果则是完全相同的。在本书中采用应用标准反应热效应方法进行计算。

根据 Gibbs-Helmholtz 方程，吉布斯自由能 $\Delta G_T^{\ominus}$ 与 $\Delta H_T^{\ominus}$ 以及温度 T 的关系可以表示为式（6-8）。

$$d\left(\frac{\Delta G_T^{\ominus}}{T}\right) = -\frac{\Delta H_T^{\ominus}}{T^2}dT \tag{6-8}$$

由 Kirchhoff 方程可知反应热效应 ΔH 与温度 T 的关系可以表示为式（6-9）。式（6-9）中 Δc_p 为反应生成物摩尔定压热容总和与反应物摩尔定压热容总和的差值，称之为热容差。

$$d\Delta H_T^{\ominus} = \Delta c_p dT \tag{6-9}$$

各物质摩尔定压热容 c_p 随温度变化的关系可由式（6-10）确定。

$$c_p = A_1 + A_2 \times 10^{-3}T + A_3 \times 10^5 T^{-2} + A_4 \times 10^{-6}T^2 + A_5 \times 10^8 T^{-3} \tag{6-10}$$

因此热容差 Δc_p 可表示为式（6-11）。

$$\Delta c_p = \Delta A_1 + \Delta A_2 \times 10^{-3}T + \Delta A_3 \times 10^5 T^{-2} + \Delta A_4 \times 10^{-6}T^2 + \Delta A_5 \times 10^8 T^{-3} \tag{6-11}$$

将式（6-10）代入式（6-9）中并积分，可得到式（6-12）。

$$\Delta H_T^{\ominus} = \Delta A_1 T + \frac{1}{2}\Delta A_2 \times 10^{-3}T^2 - \Delta A_3 \times 10^5 T^{-1} + \frac{1}{3}\Delta A_4 \times 10^{-6}T^3 - \frac{1}{2}\Delta A_5 \times 10^8 T^{-2} + A_6 \tag{6-12}$$

当 $T=298$K 时，$\Delta H_T^{\ominus}$ 值可以通过查找热力学数据表找出 $\Delta H_{i,f,298}^{\ominus}$，则通过式（6-12）可以计算出 A_6 值，见式（6-13）。

$$A_6 = \Delta H_{298}^{\ominus} - \Delta A_1 T - \frac{1}{2}\Delta A_2 \times 10^{-3}T^2 + \Delta A_3 \times 10^5 T^{-1} - \frac{1}{3}\Delta A_4 \times 10^{-6}T^3 + \frac{1}{2}\Delta A_5 \times 10^8 T^{-2} \tag{6-13}$$

将式（6-12）代入式（6-8）中并积分，可得到 $\Delta G_T^{\ominus}$ 的计算式（6-14）。

$$\Delta G_T^{\ominus} = -\Delta A_1 T\ln T - \frac{1}{2}\Delta A_2 \times 10^{-3}T^2 - \frac{1}{2}\Delta A_3 \times 10^5 T^{-1} - \frac{1}{6}\Delta A_4 \times 10^{-6}T^3 - \frac{1}{6}\Delta A_5 \times 10^8 T^{-2} + A_6 + A_6' T \tag{6-14}$$

式（6-14）中的 A_6' 为 Gibbs-Helmholtz 方程的积分常数。选取 $T=298$K，查找热力学数据得到标准反应热效应 $\Delta H_{298}^{\ominus}$ 和标准反应熵差 $\Delta S_{298}^{\ominus}$，根据式（6-15）可计算出 $\Delta G_{298}^{\ominus}$ 值。

$$\Delta G_{298}^{\ominus} = \Delta H_{298}^{\ominus} - 298\Delta S_{298}^{\ominus} \tag{6-15}$$

将式（6-15）计算的 $\Delta G_{298}^{\ominus}$ 值与 T 值（298）代入式（6-14），则可计算出 A_6'。

$$A'_6 = \frac{\Delta G^{\ominus}_{298}}{T} + \Delta A_1 \ln T + \frac{1}{2}\Delta A_2 \times 10^{-3} T + \frac{1}{2}\Delta A_3 \times 10^5 T^{-2} + \frac{1}{6}\Delta A_4 \times 10^{-6} T^2 + \frac{1}{6}\Delta A_5 \times 10^8 T^{-3} - A_6 T^{-1} \tag{6-16}$$

因此，根据式（6-14）可以计算出 $\Delta G^{\ominus}_{\mathrm{T}}$ 与反应温度 T 的关系，式中的 $A_1 \sim A_5$ 可通过查找热力学数据表得到，A_6 与 A'_6 可由式（6-13）和式（6-16）求出。

7　超细晶 WC-Co 复合粉的短流程制备

本章主要介绍了短流程制备关键工艺参数（包括喷雾转化、煅烧、低温原位合成参数）对复合粉形貌、微观组织及性能的影响规律与机理；探索了工艺参数变化对复合粉 WC 晶粒尺寸和晶形的影响；利用热力学计算结合实验结果对低温原位合成反应过程进行了分析。

7.1　喷雾转化制备前驱体粉末

7.1.1　钨钴碳前驱体粉末的制备过程

喷雾转化实验是在离心式喷雾干燥塔内完成的，首先将配制好的离子溶液通过送料泵送入喷雾干燥塔位于顶部的离心雾化器中，雾化器高速旋转使溶液被分散成微细液滴。液滴在离心力、重力的作用下向外向下运动，同时与热气流接触受热，液滴中的水分迅速蒸发并形成粉末。图 7-1 为离心喷雾转化示意图。

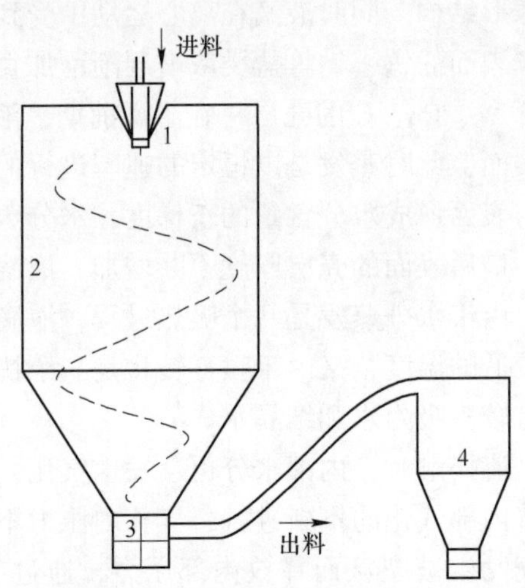

图 7-1　离心式喷雾转化示意图

1—离心雾化器；2—喷雾塔；3—出料口；4—粉末收集器

以 WC-6Co 复合粉为最终成分，分别以 AMT、$C_4H_6O_4 \cdot Co \cdot 4H_2O$ 和 $C_6H_{12}O_6$ 为主要原料。将称取的原料倒入不锈钢容器内，在室温下加入一定体积的去离子水，不断搅拌以制成含 W、Co 和 C 的离子溶液；设置喷雾转化工艺参数，包括进料速度（mL/min）、进气温度（℃）和离心转速（r/min）等，雾化后即可制备出钨钴碳前驱体粉末。图 7-2 所示为溶液浓度为 60%、进料速度 2000mL/min、进气温度为 240℃和离心转速为 12000r/min 时制备的钨钴碳前驱体粉末形貌图，从图中可以看出前驱体呈空心球形结构，有部分颗粒发生破裂现象以及相互黏结现象。

图 7-2　钨钴碳前驱体粉末形貌图

溶液经高速离心雾化后在喷雾塔内形成大量的微细液滴，在表面张力的作用下液滴发生收缩形成球形结构。同时液滴在离心运动中受到热气流的作用导致表面水分迅速蒸发，液滴表面的钨、钴等盐类浓度逐渐增加直至超过其溶解度而发生结晶，在表面形成含 W、Co、C 的壳层。在干燥前期，液滴内部的水分通过扩散不断地迁移至液滴表面，此时蒸发是以恒定的速率进行的；随着表面水分的持续蒸发，在液滴内部与表面形成水分含量的正梯度，水分蒸发的速率受到扩散速率的影响并逐渐减小，最后表面的壳层厚度不断增加，液滴内部由于溶液的向外迁移而形成空心结构。由于水分蒸发是一个吸热过程，液滴和粉末颗粒表面能在喷雾转化过程保持在较低的温度，又由于喷雾转化是一个快速完成的过程，因此制备的粉末中仍然含有较多吸附水和结晶水。

当液滴与较高热气流接触时，内部水分也会发生气化，逐渐在内部形成具有一定压力的气孔。随着内部气化的不断进行，气孔内压力不断增大，当外壳承受不住气孔压力时，外壳发生破裂从而释放内部压力，通过前驱体粉末的 SEM 照片可观察到粉末具有碎裂的现象。另外雾化干燥形成的粉末在雾化塔内运动时相互之间发生碰撞和黏结，也可使粉末发生破碎。

图 7-3 为溶液浓度为 60%、进料速度 2000mL/min、进气温度为 240℃和离心转速为 12000r/min 时制备的钨钴碳前驱体粉末的 XRD 检测图谱，图中并没有明显的晶体特征峰出现，说明经喷雾转化制备的前驱体粉末为无定形相。

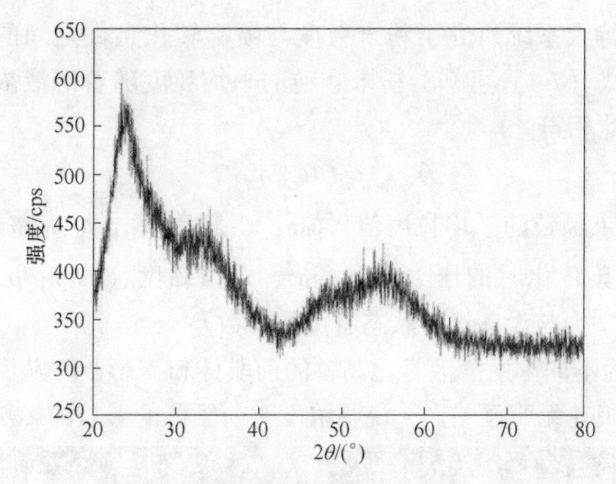

图 7-3 钨钴碳前驱体粉末的 XRD 图谱

7.1.2 工艺参数对前驱体粉末的影响

主要介绍了喷雾转化的关键工艺参数变化包括混合溶液的浓度、进料速度、进气温度和离心转速对前驱体粉末粒径分布和表面形貌的影响。

7.1.2.1 浓度

设置溶液浓度分别为 50%、60%和 70%，固定其他参数：进料速度 2000mL/min、进气温度为 240℃、离心转速为 12000r/min。通过喷雾转化制备了前驱体粉末，通过激光粒度仪测定粉末的中位径 D50 及激光粒度分布曲线，结果如图 7-4 所示。从图中可以看出前驱体颗粒随着溶液浓度的增加而增大。分析认为浓度越大的液滴中水分含量越低，在雾化干燥时蒸发的水分更少，因此颗粒收缩更加困难，最终于形成的前驱体粉末颗粒更大。从图中还可看出，溶液浓度越大，粒度分布越宽。

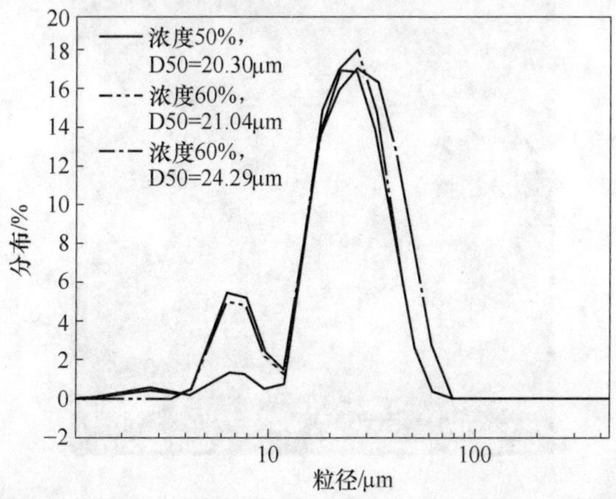

图 7-4 不同浓度溶液制备的前驱体激光粒度分布

学者 P. Luo 等人系统研究了粉末粒度与喷雾转化条件之间的关系，可用式 (7-1) 表示。从式 (7-1) 可知，粉末颗粒的平均粒度随着溶液浓度的增加而增大，实验结果与此相符。

$$D_{\text{mean}} = CP^{-n}\eta^{r}\rho^{-t} \tag{7-1}$$

式中，D_{mean}是粉末颗粒的平均粒度值，μm；C 是常数[$\mu m(\text{vol}\%)^{t}/(\text{kg}\cdot\text{cm}^{2})^{n}(\text{cst})^{r}$]；P 是喷雾转化时的压力，kg/cm^2，η 为黏度（cst）；ρ 为溶液的浓度（vol%）；n、r 和 t 为与设备运行状态有关的常数。

图 7-5 所示为不同浓度溶液雾化制备的前驱体粉末形貌。从图中可以看出三组粉末样品的形貌并无明显差别，说明浓度对前驱体的形貌的影响较小。

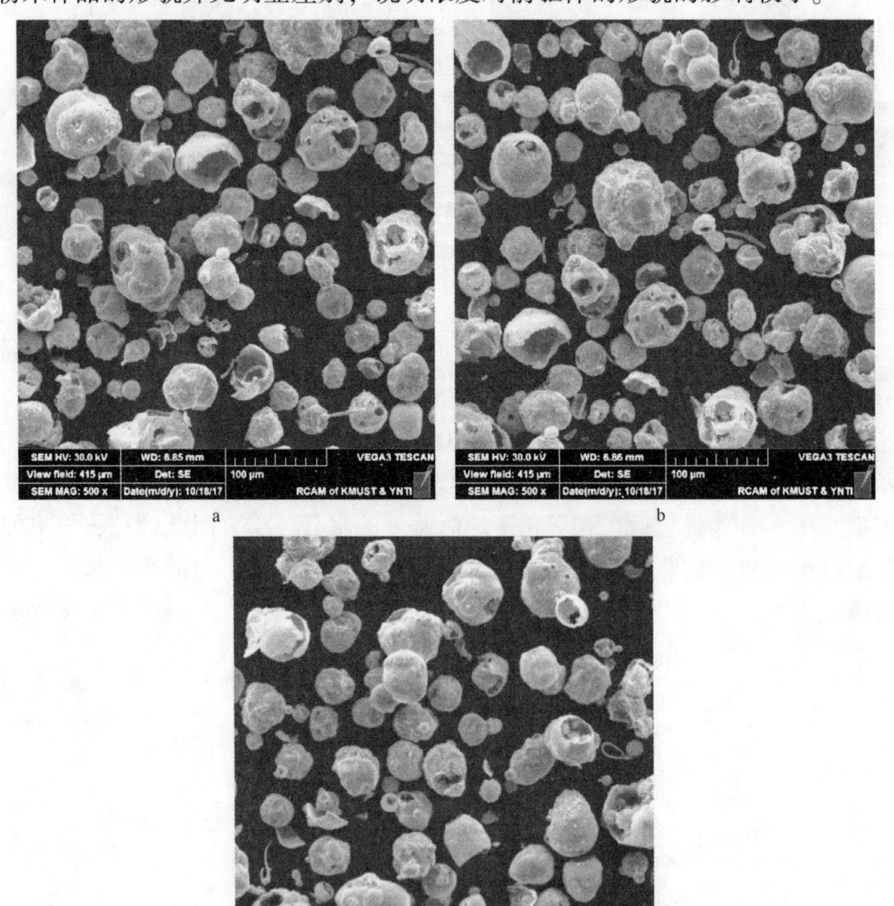

图 7-5 不同浓度制备的钨钴碳前驱体粉末形貌图

a—50%；b—60%；c—70%

7.1.2.2 进料速度

分别设置进料速度为1000mL/min、1500mL/min和2000mL/min，固定溶液浓度为60%、进气温度为240℃、离心转速为12000r/min。通过喷雾转化法制备了前驱体粉末，通过激光粒度仪测定粉末的中位径D50及激光粒度分布曲线，结果如图7-6所示。

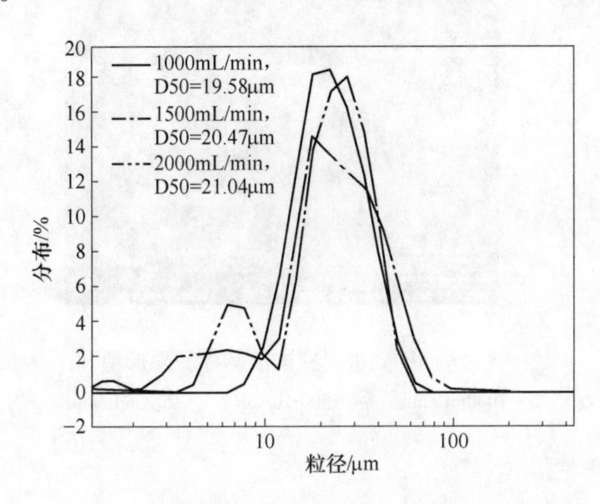

图7-6 不同进料速度制备的前驱体的激光粒度分布

在相同的离心雾化时间内，进料速度越大，离心出的液滴颗粒越大且相互之间容易发生黏结，形成颗粒尺寸更大的液滴，经蒸发、团聚冷却后制得的前驱体颗粒越大。

图7-7为不同进料速度制备的前驱体表面形貌。由图可知，进料速度越大，粉末颗粒越大，相互黏结的现象增多，如图中箭头所示。

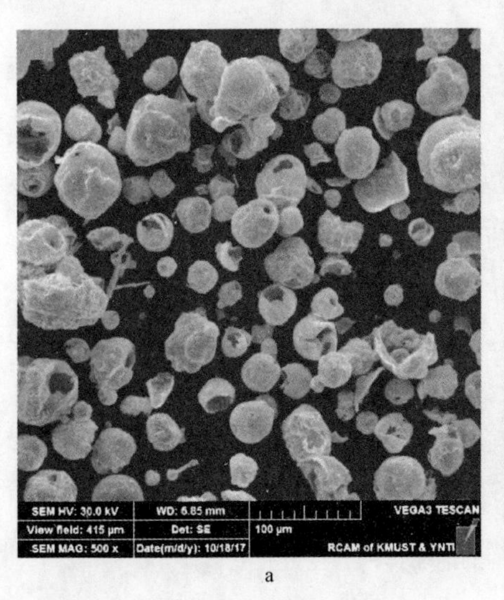

a

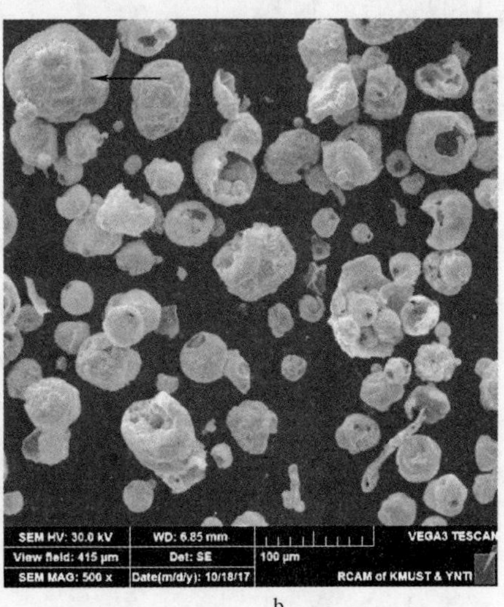

b

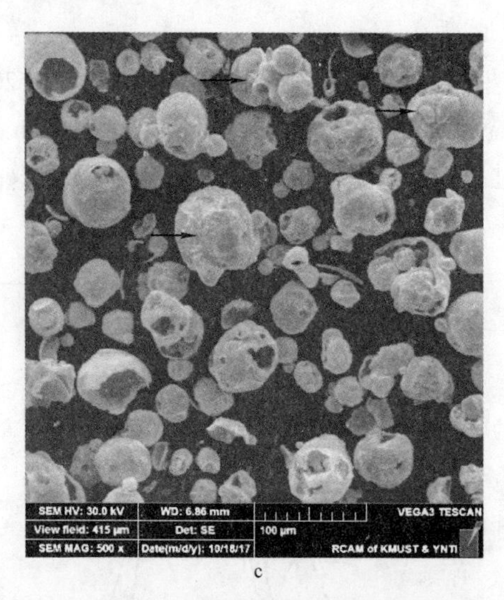

图 7-7　不同进料速度前驱体粉末形貌

a—1000mL/min；b—1500mL/min；c—2000mL/min

7.1.2.3　进气温度

固定溶液浓度为 60%、进料速度为 2000mL/min、离心转速为 12000r/min，分别设置进气温度为 200℃、240℃和 280℃。研究不同进气温度对粉末平均粒度及粒度分布、粉末形貌的影响。图 7-8 为不同温度制备的前驱体粉末粒度分布图，从图中可以看出，三组粉末颗粒大小较接近，说明进气温度对粉末颗粒尺寸的影响较小。分析认为液滴的收缩率取决于液滴的原始大小和含水量，温度仅能影响液滴水分蒸发的速度。进气温度越高，水分蒸发得越快，液滴收缩得越快，但是总的收缩量不变。

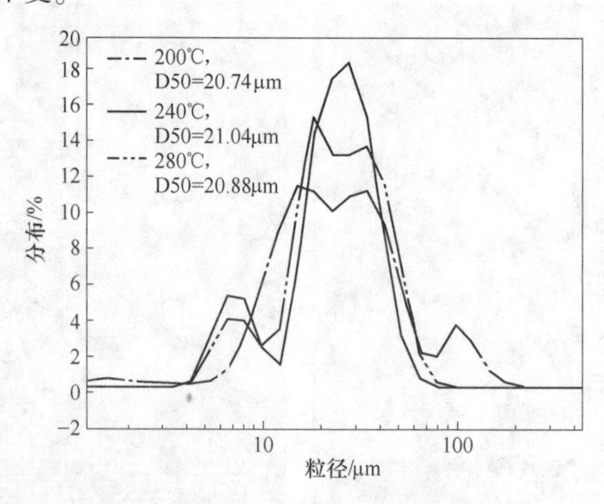

图 7-8　不同温度制备的前驱体的粒度分布

不同进气温度下前驱体粉末形貌如图 7-9 所示。由图可知随着温度的升高，粉末颗粒的球形化程度越低，表面缝隙增多，并且颗粒发生破裂的现象也更多。分析认为进气温度越高，液滴表面及内部水分蒸发迅速增快，相当于减少了液滴在表面张力的作用下收缩为球形的时间，因此粉末多为椭圆形颗粒；另外由于温度升高，液滴内部水分蒸发速度加快，使内部气体压力快速增加，气体通过壳体向外逸出，在壳体表面形成大量缝隙，当内部压力过大气体来不及逸出时，壳体会发生破裂。

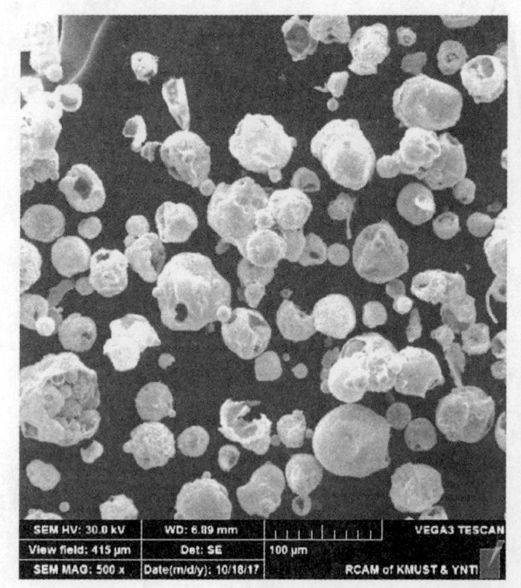

a

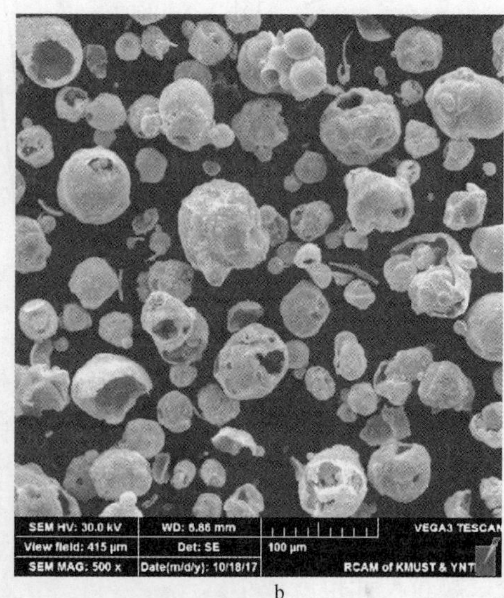

b

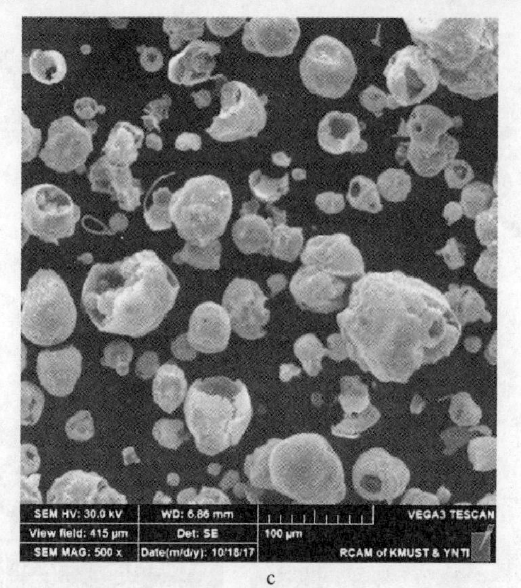

c

图 7-9 不同温度制备的前驱体粉末形貌

a—200℃；b—240℃；c—280℃

7.1.2.4　雾化转速

固定溶液浓度为60%、料速度为2000mL/min、进气温度为240℃，分别设置雾化器离心转速为10000r/min、12000r/min 和 14000r/min。研究不同离心转速对前驱体粉末平均颗粒尺寸和粒度分布、表面形貌的影响。图 7-10 为粒度分布图，可以看出随着转速的升高，颗粒平均尺寸减小。

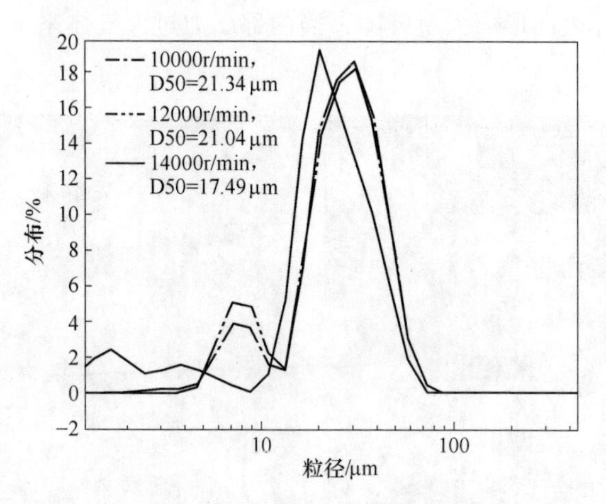

图 7-10　不同雾化转速制备的前驱体的粒度分布

图 7-11 为粉末的形貌图，由图可知随着转速的升高，粉末颗粒减小。离心转速越大，被分散成的液滴也越小，在相同进气温度等条件下制备得到的前驱体粉末颗粒尺寸也就越小。

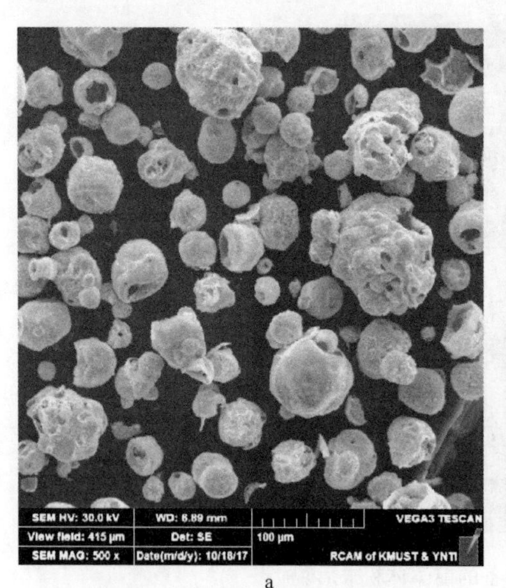

a

b

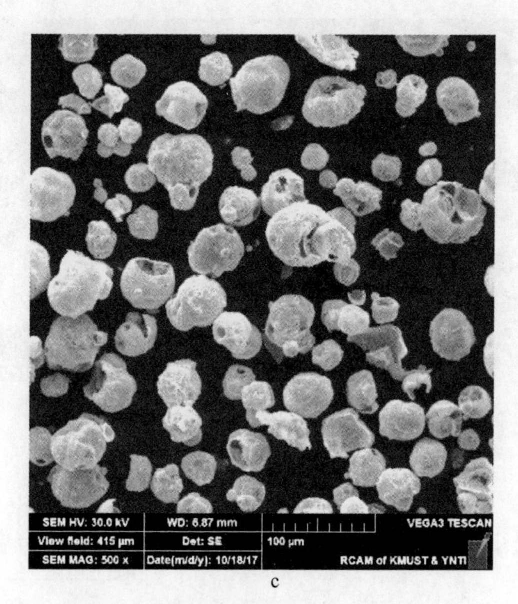

c

图 7-11 不同转速前驱体粉末形貌

a—10000r/min；b—12000r/min；c—14000r/min

7.2 煅烧制备钨钴氧化物

煅烧的目的是为了使前驱体粉末发生分解，并尽量去除粉末中的吸附水、结晶水等。煅烧的关键工艺参数有煅烧温度、保温时间、氮气流量和料层厚度等，介绍了工艺参数对氧化物粉末颗粒尺寸、碳和氧含量的影响。

7.2.1 钨钴氧化物的制备过程

设置溶液浓度为 60%、进料速度 2000mL/min、进气温度 240℃、雾化转速 12000r/min，将制备出的前驱体粉末装入石墨舟皿中，放入一体炉后，持续通入氮气并升温至煅烧温度，保温一定时间后随炉冷却制得含钨钴碳的氧化物粉末。图 7-12a 为料层厚度 10mm、N_2 流量为 1. 2m^3/h、经 550℃煅烧 20min 制备的氧化物粉末形貌图。

由图可知，煅烧后粉末仍然呈空心球形结构，煅烧对粉末宏观形貌无明显影响。微观上煅烧后的粉末表面出现较多孔隙，表面变得粗糙，这是由于前驱体粉末在煅烧过程中发生分解产生的气体以及水分蒸发产生的水蒸气通过粉末表面进行扩散留下的。图 7-12b 为将煅烧后氧化物进行短时球磨制备的分散型粉末形貌图。短时球磨工艺为：利用行星式球磨机进行球磨，以无水乙醇为球磨介质、直径为 6mm 的硬质合金圆球为球磨球、球料比为 10∶1、球磨转速为 300r/min、球

图 7-12　煅烧后粉末的微观形貌

a—球形粉；b—短时球磨粉

磨时间为 4h。从图中可以看出，氧化物颗粒由球形转变为扁平形状，平均粒径约为 5μm。

对煅烧后粉末进行 XRD 分析，结果如图 7-13 所示。从图中可以看出，煅烧使前驱体粉末发生分解生成了以 WO_3 和 Co_3O_4 为主要物相的氧化物粉末，由于 C 是以无定形碳形式存在于氧化物粉末中，因此 XRD 结果中未出现 C 的峰。有学者的研究认为氧化物粉末中还应存在 $CoWO_4$，但是本书实验中未发现 $CoWO_4$ 物相，这可能是由于前驱体粉末组成和煅烧工艺不同导致的，也可能生成的 $CoWO_4$ 含量太低，XRD 检测不出。

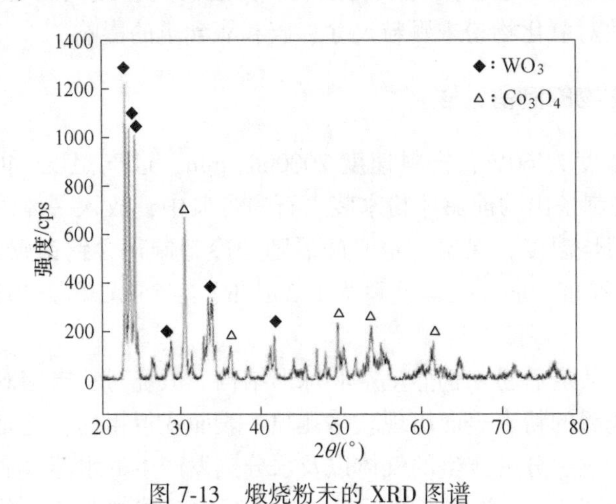

图 7-13　煅烧粉末的 XRD 图谱

图 7-14 为在 550℃、保温时间 20min 的条件下煅烧制备的氧化物粉末 XPS 测试结果。图中所示 W 4f 特征峰分别在 35. 5eV 和 37. 8eV 的位置，对应为 WO_3；

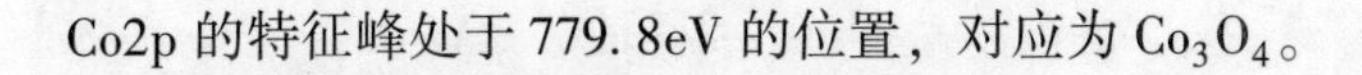
Co2p 的特征峰处于 779.8eV 的位置，对应为 Co_3O_4。

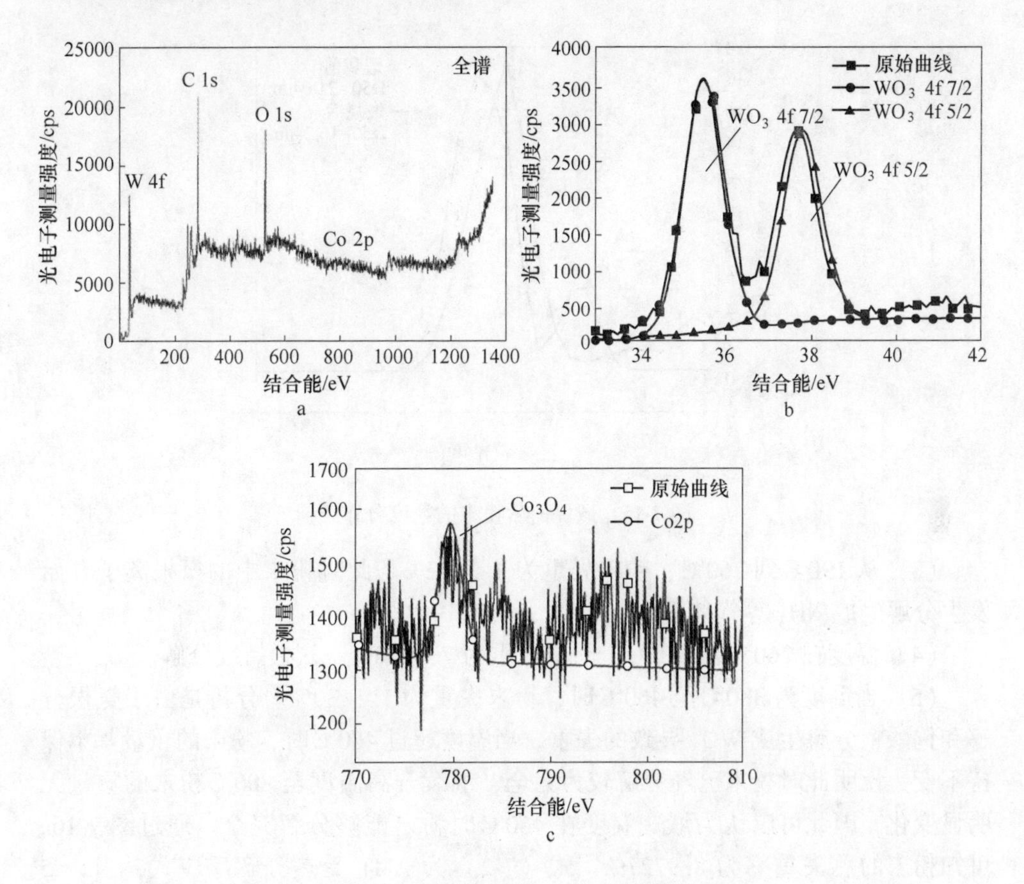

图 7-14　煅烧后粉末 XPS 分析图谱

a—全谱；b—W 4f；c—Co 2p

图 7-15 为煅烧前后粉末粒度分布曲线。从图中可以看出，煅烧后粉末的平均粒径比煅烧前的要小，粒度分布更窄。分析认为前驱体粉末中含有大量吸附气体、结晶水等，煅烧处理可使粉末中的吸附气体、结晶水等蒸发逸出，使粉末颗粒发生收缩，导致粒径减小，分布变窄。但是出现较多粒径约在 1.0μm 以下的粉末，分析认为粉末在煅烧过程中发生分解，颗粒破裂使粒度降低。

图 7-16a、b 分别为 AMT、醋酸钴在 N_2 气氛中的热重分析曲线，升温速率为 5℃/min。由图可知 AMT 在 N_2 气氛受热将发生一系列反应：

(1) 从室温到 80℃，粉末失重约为 0.6739%。分析认为此阶段粉末中的吸附气体受热逸出导致失重。

(2) 90℃至 170℃，粉末失重为 2.0596%。粉末中的结晶水吸收热量发生分解逸出。

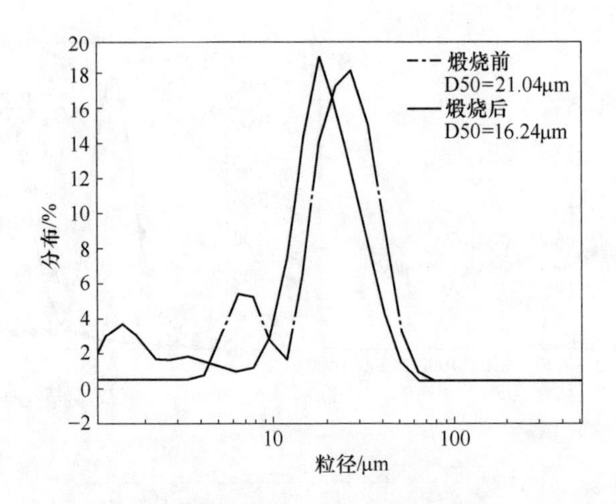

图 7-15　煅烧前后粉末的粒度分布

（3）从 190℃到 260℃，粉末失重为 1.1022%。此时粉末中的氨根离子开始发生分解生成 NH_3 等气体逸出。

（4）温度在 260℃至 370℃，粉末失重为 7.9940%。氨根持续分解。

（5）当温度为 380℃至 460℃时，粉末失重为 1.1430%。分析是由于氨根分解和钨酸根分解生成 WO_3 导致的失重。当温度超过 460℃时，粉末的重量基本保持不变，说明此时粉末已经分解较为完全，继续升高温度至 800℃粉末的重量无明显变化，因此可以认为煅烧温度在 460℃时粉末能够分解完全。通过图 7-16a 可知粉末的总失重率为 8.9727%。式（7-2）为 AMT 受热分解反应式，当 $x=5$ 时，理论失重率为 8.6787%，与热重分析的数值相近。

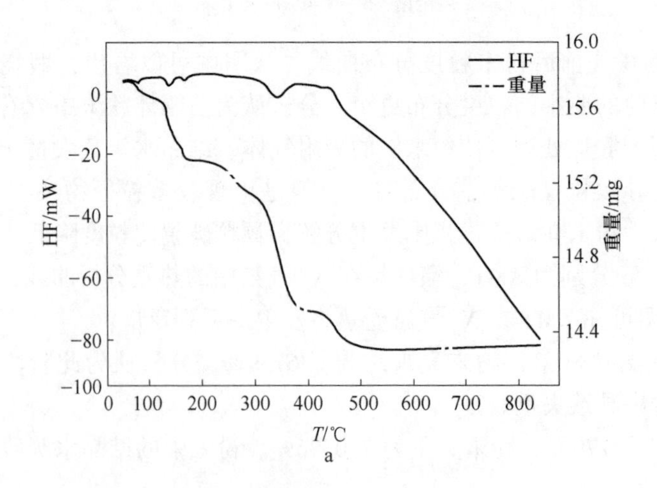

a

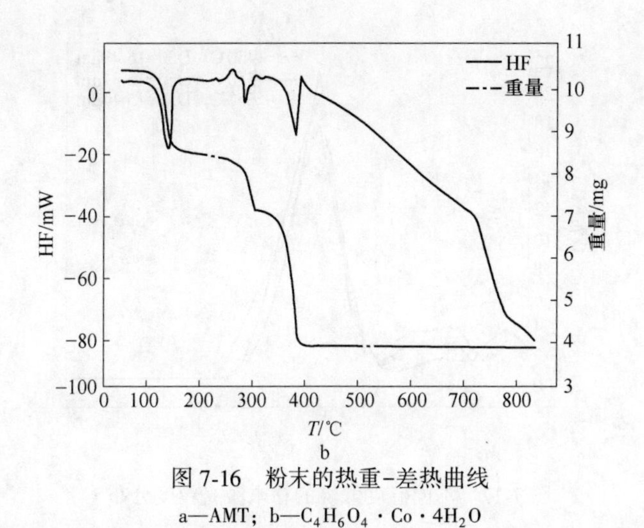

图 7-16 粉末的热重-差热曲线

a—AMT；b—$C_4H_6O_4 \cdot Co \cdot 4H_2O$

$$(NH_4)_6 \cdot (H_2W_{12}O_{40}) \cdot xH_2O \rightarrow 12WO_3 + (x+4)H_2O\uparrow + 6NH_3\uparrow \quad (7\text{-}2)$$

从图 7-16b 可以看出，醋酸钴在 N_2 气氛中受热也将发生一系列分解反应：

(1) 从室温至 220℃，粉末失重约 20.1628%，此阶段粉末受热失去结晶水、醋酸根发生分解产生气体逸出。

(2) 温度在 220~300℃，粉末失重约 12.4875%，此时醋酸钴分解生成乙酸钴，发生式 (7-3) 的反应。

(3) 温度 300~360℃，粉末失重 31.2682%，乙酸钴进一步分解生成 Co_3O_4。

(4) 持续升高温度至 800℃，粉末重量保持不变，说明温度约为 360℃时，醋酸钴即已分解完全，生成 Co_3O_4。

$$3Co(CH_3COO)_2 \cdot 4H_2O \rightarrow Co_3O_4 + 2CO_2\uparrow + 4CO\uparrow + 4CH_3\uparrow \quad (7\text{-}3)$$

7.2.2 煅烧工艺对粉末的影响

介绍了煅烧关键工艺参数包括煅烧温度、保温时间、氮气流量和料层厚度。介绍了参数变化对煅烧后粉末颗粒尺寸及碳、氧含量的影响。

7.2.2.1 煅烧温度

设置煅烧温度分别为 450℃、550℃和 650℃，固定保温时间为 20min、氮气流量为 1.2m^3/h、料层厚度为 10mm，制备得到氧化物粉末。研究煅烧温度对氧化物粉末颗粒尺寸的影响，结果如图 7-17 所示。随着煅烧温度的升高粉末的 D50 逐渐减小，分析认为煅烧过程使前驱体脱除吸附气体、吸附水和结晶水，使颗粒发生收缩，因此平均粒径减小。从图中还可看出 650℃制备的粉末的 D50 与 550℃的相差很小，说明当温度为 550℃时粉末可去除大部分的吸附气体、吸附水和结晶水，再升高煅烧温度对颗粒尺寸的影响很小。此外，450℃制备的粉末粒径分布更宽，这是由于温度太低，使粉末中水分分解不充分，颗粒收缩不均导致的。

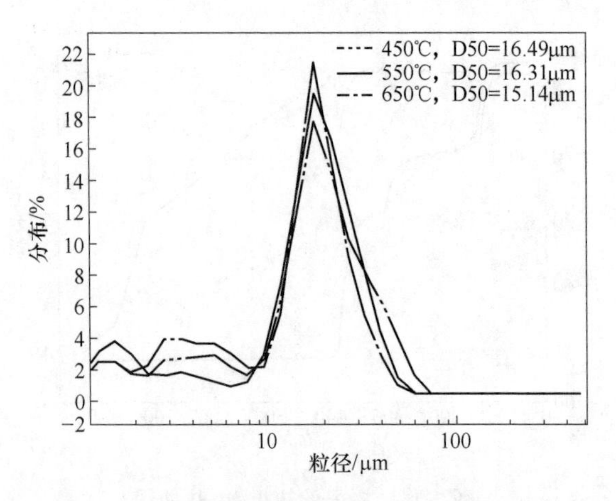

图 7-17　不同温度煅烧的粉末激光粒度分布

表 7-1 为不同煅烧温度下制备的氧化物粉末碳、氧含量的检测结果。从表中可以看出，温度越高，粉末中的碳和氧含量都降低。分析认为在煅烧过程中产生的气体、粉末中的氧会与粉末中的无定形碳发生反应生成 CO_2 等气体并随着氮气被带出炉外，导致粉末中碳含量下降；当温度高于 550℃时碳含量变化较小，说明此时粉末已被煅烧为纯净的氧化物。粉末中的氧会与 C 反应生成 CO 或者 CO_2，因此氧含量也下降。

表 7-1　不同温度煅烧的粉末碳、氧含量

煅烧温度/℃	450	550	650
C 含量/%	19.65	17.30	17.22
O 含量/%	25.05	20.97	20.85

7.2.2.2　保温时间

设置保温时间分别为 10min、20min 和 30min，固定煅烧温度 550℃、氮气流量为 1.2m^3/h、料层厚度为 10mm，制备得到氧化物粉末。图 7-18 为不同保温时间制得粉末的粒度分布曲线，结果表明粉末平均颗粒尺寸随着保温时间的延长而减小。在相同煅烧条件下，保温时间越长，则粉末分解得越充分，气体挥发越多，粉末的收缩率更大使颗粒尺寸更细。当保温时间达到 20min 以上时，颗粒尺寸变化较小，说明此时粉末已煅烧较为完全。

表 7-2 为不同保温时间制备的氧化物中碳、氧含量的结果。由表可知，保温时间越长，粉末中的碳含量越低，当时间超过 20min 时碳含量下降趋势变缓。粉末中氧含量的前期下降较为明显，但是当时间超过 20min 时氧含量下降趋势与碳的类似。分析认为在较短的保温时间内，氧含量的下降除了与 C 反应生成气体逸出，粉末分解和结晶水气化也使氧含量急剧下降；随着保温时间的延长，粉末分

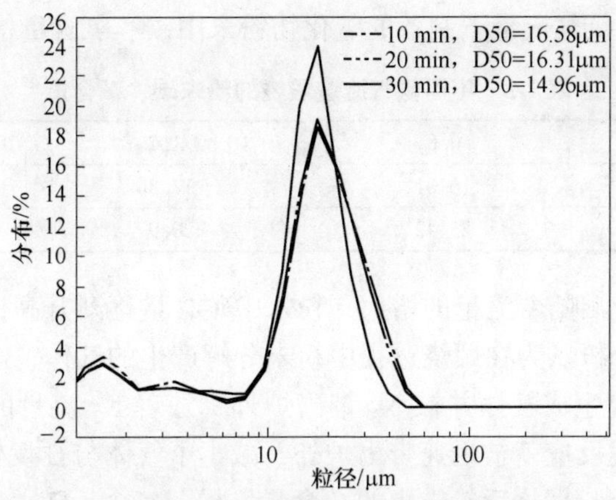

图 7-18 不同保温时间煅烧的粉末激光粒度分布

解完全，结晶水也基本气化完全，此时粉末中的氧化物将与 C 发生还原反应，因此碳与氧的下降趋势较为一致。

表 7-2 不同保温时间煅烧的粉末碳、氧含量

保温时间/min	10	20	30
C 含量/%	18.49	17.30	15.61
O 含量/%	28.38	20.97	18.46

7.2.2.3 氮气流量

设置氮气流量分别为 0.8m^3/h、1.2m^3/h 和 1.6m^3/h，固定煅烧温度 550℃、保温时间为 20min、料层厚度为 10mm。研究氮气流量对粉末颗粒平均粒度的影响，结果如图 7-19 所示。由图可知，三组粉末的平均粒度相近，说明氮气流量对粉末粒度的影响不明显。

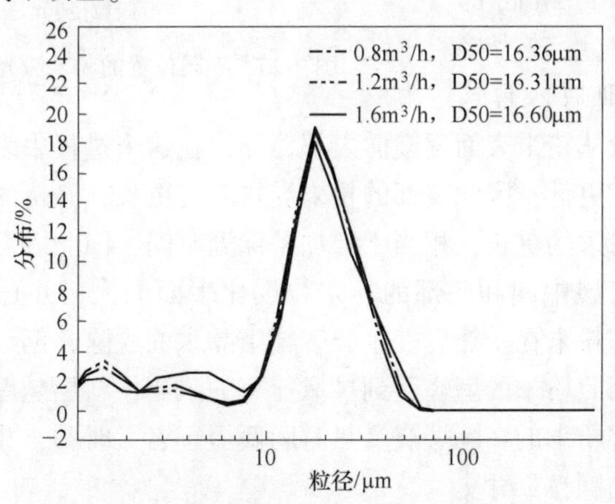

图 7-19 不同氮气流量的粉末激光粒度分布

表 7-3 为不同氮气流量下制备的氧化物粉末中碳、氧含量检测结果。

表 7-3　不同氮气流量煅烧的粉末碳、氧含量

N_2 流量/$m^3 \cdot h^{-1}$	0.8	1.2	1.6
C 含量/%	16.01	17.30	17.87
O 含量/%	25.42	20.97	19.22

从表中可以看出随着流量的增大，粉末中碳含量逐渐升高；氧含量随着流量的增大而降低。分析认为在煅烧过程中粉末分解产生的气体、水蒸气等能够与粉末中的 C 发生反应生成气体并被 N_2 带出炉外，随着 N_2 流量的增大水蒸气等气体来不及与 C 发生反应就被迅速带出炉外，减小了气体与 C 发生反应的概率，因此 C 的损耗量减小，煅烧后粉末中的 C 含量增加。氧含量随着煅烧的进行逐渐降低，由于粉末中的 C 的损耗较少，因此增加了 C 与 O 的反应概率，使 O 更易与 C 反应，导致 O 含量降低。

7.2.2.4　料层厚度

将料层厚度设置为 20mm，固定煅烧温度 550℃、保温时间为 20min、氮气流量 1.2m^3/h。分析不同厚度粉末的粒度和 C、O 含量，分别在料层的表面、中间和底部取样进行分析，粒度分布曲线如图 7-20 所示。料层表面（0~5mm）的粉末粒度最细，中间（5 ~ 15mm）和底部（15 ~ 20mm）的粒度较为接近，分析认为舟皿放入管式炉中加热后，热量从粉末表面逐渐向内部传导，在这个过程中表面粉末的温度更高而内部粉末温度更低，因此表面的粉末受热时间更长，经历的分解和结晶水脱除的过程比内部粉末的更长，相当于增加了保温时间，因此表面粉末的平均粒度比内部的更小。料层中间和底部的粉末粒度比表面的大，并且两者之间相差很小，分析认为内部粉末在受热后发生分解与结晶水的脱除，但气体仅能通过表层粉末对外扩散，因此粉末的煅烧受到扩散速率的限制，料层越厚，则内部气体越难扩散，因此内部粉末的实际煅烧受热时间要短于名义时间，相当于缩短了保温时间，粉末的平均颗粒尺寸更大。

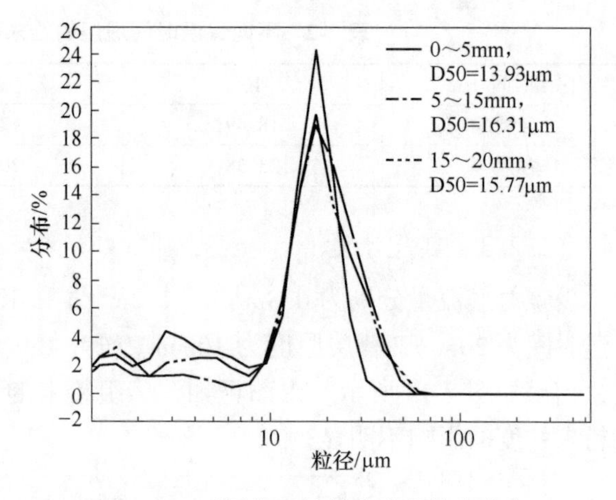

图 7-20　不同位置的粉末激光粒度分布

表 7-4 为不同位置的粉末碳、氧含量检测结果。从表中可以看出，表面粉末

中的碳、氧含量要低于内部粉末的含量。这是因为内部粉末分解脱除的气体难以扩散出去而留在粉末当中，使碳、氧含量保留有较高的值。

表 7-4 不同位置的粉末碳、氧含量

料层厚/mm	1~5	6~15	16~20
C 含量/%	15.93	17.30	21.39
O 含量/%	16.77	20.97	27.50

7.3 低温原位合成超细晶 WC-Co 复合粉

低温原位合成是将煅烧制备的氧化物粉末置于舟皿后放入管式炉中，通入氢气使粉末发生连续还原碳化制备 WC-6Co 复合粉的过程。本小节介绍了低温原位合成制备的 WC-6Co 复合粉的形貌特征、关键工艺参数如合成温度、氢气流量等对复合粉的影响，以及低温原位合成的反应过程等。

7.3.1 复合粉的制备过程

设置合成温度为 900℃、氢气流量为 1.3m^3/h、保温时间为 1h，原位合成得到 WC-6Co 复合粉末，粉末 XRD 结果如图 7-21 所示，形貌如图 7-22 所示。从图 7-21 可以看出，制备的复合粉由 WC 和 Co 两相组成，其中 Co 相的峰出现在 2θ=44.2°和 2θ=51.5°的位置，说明 Co 是以 fcc 结构存在。根据 X 射线衍射 PDF 卡片库中编号 51-0939 的卡片数据可知，WC 相位于 2θ=35.6°的（100）峰是其最高峰，而（001）与（100）峰强的比值为 0.47，（101）与（100）的峰强比值为 0.83；通过对制备的 WC-6Co 复合粉的 XRD 图谱数据进行计算发现，I(001)/I(100) 约为 0.44、I(101)/I(100) 约为 0.82，计算值与理论值较为接近，说明复合粉中的 WC 晶粒结晶较为完整。此外，利用 Scherrer 公式对粉末 WC 晶粒尺寸进行计算发现单个晶粒尺寸约为 56nm。

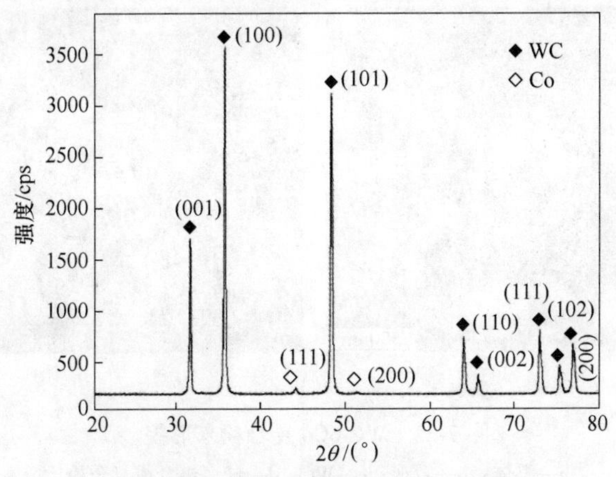

图 7-21 WC-6Co 复合粉 XRD 图谱

从图 7-22a 中看出，复合粉仍然保留球形结构，与喷雾转化的前驱体粉末和煅烧后的氧化物粉末（如图 7-2 和图 7-12 所示）相比较，复合粉表面出现大量微细孔隙。分析认为在低温原位合成过程中，氢气首先将氧化物进行还原产生大量水蒸气，气体通过球壳层向外扩散逸出，因此在表面留下大量微细的孔隙。图 7-22b 为复合粉的放大图，可以看出球形粉末表面有大量孔隙存在，表面难以观察到有规律几何形状的 WC 晶粒，而是被 Co 包覆并相互黏结成长条状。为了观察 WC 的形貌，采用浓度为 50% 的 H_3PO_4 和 H_2O_2 混合溶液（体积比 1：1）对复合粉末进行腐蚀，以去除 Co 元素，得到仅含 WC 的粉末，如图 7-22c 所示。WC 呈不规则多边形状，晶粒尺寸约为 0.26μm，结合 Scherrer 公式计算结果可知扫描电镜观察到的 WC 实际上为单个 WC 晶粒的多晶体，也就是硬质合金行业称为的 WC 晶粒。在 WC 晶粒的边角处还可观察到烧结颈的存在，如图7-22c所示中箭头所指。分析认为 W 晶粒存在相互接触的情况，当低温原位合成温度为 900℃ 时，W 逐渐被碳化为 WC，由于 WC 晶粒细，表面能高，因此在边角处易优先发生熔融使晶粒之间相互黏结形成烧结颈。图 7-22d 所示为将煅烧后的氧化物经短时球磨，短时球磨工艺为：利用行星式球磨机进行球磨，以无水乙醇为球磨介质、

图 7-22　WC-6Co 复合粉末形貌

a—整体；b—微观；c—WC；d—球磨再合成复合粉

直径为 6mm 的硬质合金圆球为球磨球、球料比为 10∶1、球磨转速为 300r/min、球磨时间为 4h。然后再采用相同低温原位合成工艺制备的 WC-6Co 复合粉微观形貌。从图中可以看出，经过煅烧后球磨，再经低温原位合成制备的复合粉 WC 晶粒细小，但是存在团聚现象。分析认为煅烧后将氧化物粉末短时球磨，可将球形结构磨碎，如图 7-12 所示。再经原位合成，形成晶粒尺寸约为 0.25μm、分散度良好的 WC-Co 粉末。细小的粉末存在较高的表面能，在低温原位合成过程中 Co 相发生熔融导致粉末颗粒更易发生相互黏结团聚。

图 7-23 为复合粉各元素的 EDS 面分析结果。从图中可以看出复合粉末中的 W、C 和 Co 元素分布均匀，无明显的偏聚现象。

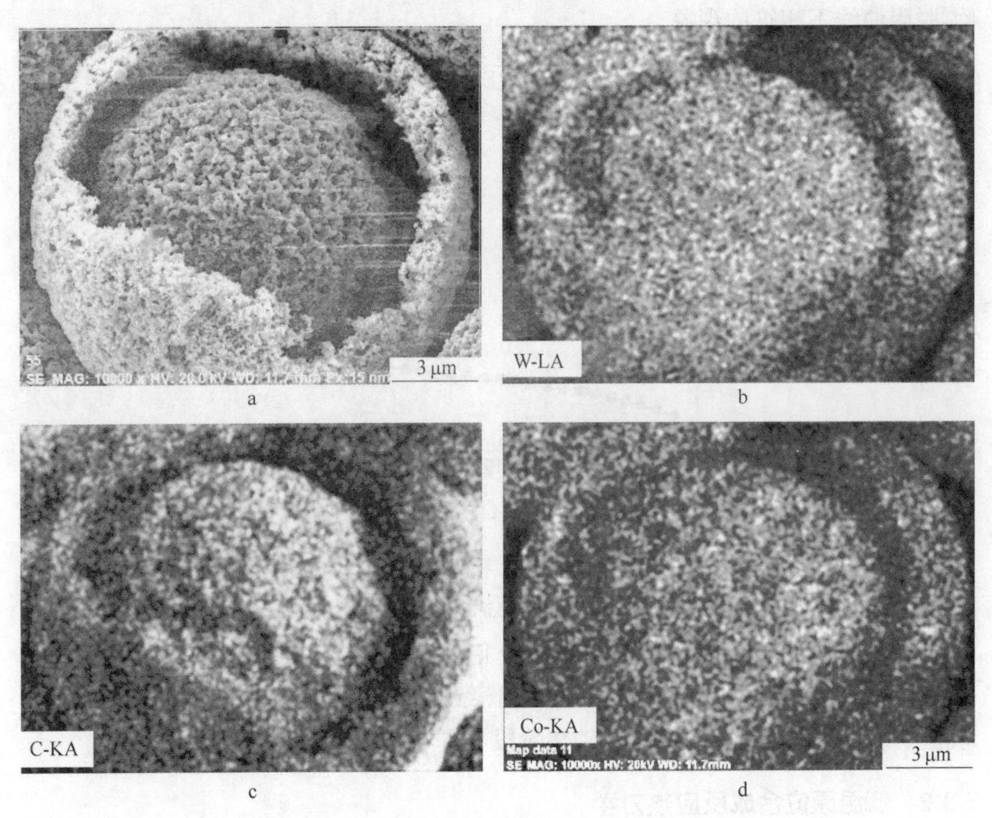

图 7-23 复合粉元素 EDS 面分布

a—二次电子图；b—W 元素分布；c—C 元素分布；d—Co 元素分布

WC-6Co 复合粉是将 W、C 和 Co 可溶原料溶于水中形成能够达到分子级均匀混合的溶液，再经喷雾、煅烧和低温原位合成制备的，图 7-23 的结果可以说明在喷雾、煅烧和低温原位合成过程中，各元素的均匀分布状态能够很好地被保留下来，从而有利于制备出元素分布均匀的硬质合金，提升性能。

图 7-24 为复合粉的吸附-脱附曲线。从图中可知，粉末 BET 值为 1.3810m^2/g，吸附-脱附曲线形状与国际纯粹与应用化学联合会（IUPAC）分类中的第Ⅱ和第Ⅲ类等温线较为接近，说明复合粉是非多孔颗粒粉末，孔隙率很小，吸附作用较弱。但从图 7-22 中可以观察到粉末表面存在较多孔隙，两者存在矛盾。分析认为在低温原位合成过程中，粉末内部还原反应生成的气体通过球壳层扩散向外迁移，因此在球壳上形成较多孔隙；但是在合成后期的碳化阶段仅进行碳化反应，无气体产生，随着温度的升高 Co 相发生熔融并通过黏性流动填充粉末孔隙，使孔隙量减少、粉末发生向内收缩的致密化行为。粉末表面的孔隙保留至碳化完成而内部孔隙由于 Co 相的填充，孔隙数量大幅减少，最终出现 SEM 观察结果与吸附-脱附曲线不相符的现象。

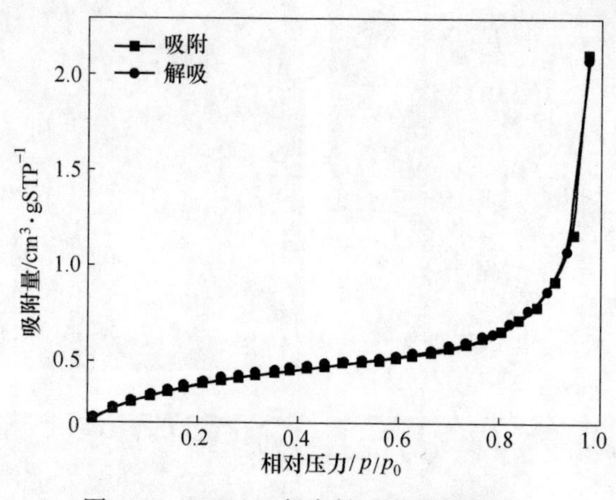

图 7-24　WC-6Co 复合粉吸附-脱附曲线

图 7-25 所示为 WC-6Co 复合粉 TEM 和对应的选区电子衍射图（SAED）。从图中可以看到晶面间距约为 0.26nm，对应 WC 晶粒的（100）晶面，清晰的晶格条纹说明 WC 晶粒结晶度高。SAED 图上衍射斑点之间存在较多芒线，说明 WC 晶粒上存在层错，这在图 7-25a 中也可观察到，但是粉末并未进行高强度的机械球磨，分析认为层错是在 WC 的碳化阶段 C 原子向 W 晶粒扩散引起的。

7.3.2　低温原位合成反应热力学

根据图 7-13 和图 7-14 的检测结果可知，低温原位合成的原料物相主要有 WO_3 和 Co_3O_4。在原位合成阶段，氧化物粉末在 H、C 的作用下发生还原反应，W 在 C 的作用下发生碳化反应，还原产物、碳化产物之间还会发生反应，因此整个反应过程非常复杂。为了能够较系统地研究原位合成的反应过程，作者采用热力学计算分析各个反应过程、推导各反应在理论上发生的温度条件。反应各物相热力学参数可通过查表得到。

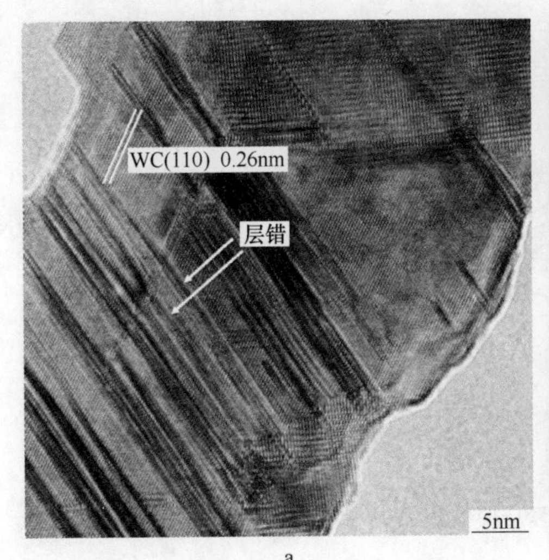

a

b

图 7-25 WC-6Co 复合粉 TEM 图谱

a—高分辨；b—选区电子衍射

7.3.2.1 还原剂的反应

原位合成体系中含有 C、O、H 等元素，C 和 H 本身是还原剂，同时在一定条件下这些元素还会相互发生反应生成新的还原性气体，因此需先对 C、O、H 元素之间可能发生的反应进行热力学分析。各元素间主要发生的反应有：

$$C + 2H_2 = CH_4 \tag{7-4}$$

$$3C + 2H_2O = CH_4 + 2CO \tag{7-5}$$

$$2C + 2H_2O = CH_4 + CO_2 \tag{7-6}$$

$$C + CO_2 = 2CO \tag{7-7}$$

根据式（2-14）可以计算出吉布斯自由能的变化值 $\Delta G_T^{\ominus}$ 与反应温度 T 的关系，结果如图 7-26 所示。

从图 7-26 可以看出，温度范围在 298~1400K 之间时，式（7-6）的 $\Delta G_T^{\ominus}$ 值大于 0，因此式（7-6）的反应不能进行。当温度低于 820K 时，C 与 H 发生反应生成 CH_4，而反应式（7-5）和式（7-7）要温度达分别达到 1030K 和 978K 时才能够进行。因此当温度低于 978K 时，合成体系的还原剂仅有 C 和 H，当温度高于 978K 时，才有 CO 产生。

7.3.2.2 Co_3O_4 的还原

煅烧后粉末中的 Co 主要存在物相为 Co_3O_4，还原剂有 C、H 以及 C 和 O 的反应产物 CO。Co_2O_3 也是钴的一种氧化物，但 Co_2O_3 很不稳定，也不能呈游离状态的化合物，只有呈水化状态时才稳定，但是水化状态的 Co_2O_3 在 260℃左右

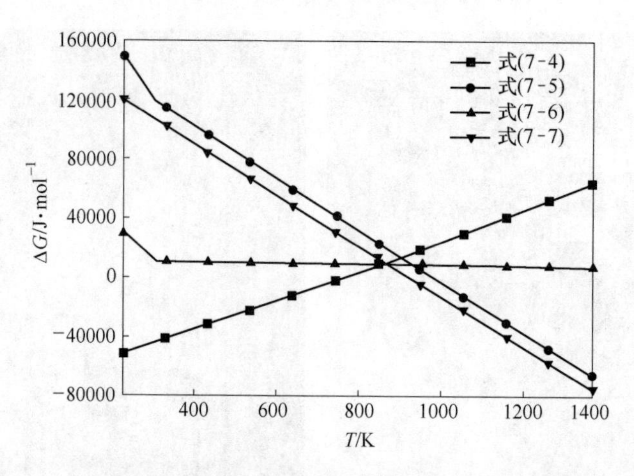

图 7-26　C、O、H 元素反应的 $\Delta G_T^\ominus$ -T 曲线

会脱水转变为 Co_3O_4，在氢气气氛中加热至 120℃左右也会被还原成 Co_3O_4，在 200℃时被还原为 CoO，在 250℃时则被还原为金属 Co，因此在热力学分析中可以不考虑 Co_2O_3 的反应过程，而认为 Co_3O_4 在还原过程中会被还原为 CoO，甚至直接被还原为 Co。Co_3O_4 在还原过程中主要发生的化学反应如下所示。

$$Co_3O_4 + H_2 = 3CoO + H_2O \tag{7-8}$$

$$2Co_3O_4 + C = 6CoO + CO_2 \tag{7-9}$$

$$Co_3O_4 + C = 3CoO + CO \tag{7-10}$$

$$Co_3O_4 + CO = 3CoO + CO_2 \tag{7-11}$$

$$CoO + H_2 = Co + H_2O \tag{7-12}$$

$$2CoO + C = 2Co + CO_2 \tag{7-13}$$

$$CoO + C = Co + CO \tag{7-14}$$

$$CoO + CO = Co + CO_2 \tag{7-15}$$

根据式（2-14）计算出反应吉布斯自由能的变化值 $\Delta G_T^\ominus$ 与温度 T 的关系，结果如图 7-27 所示。

从图中可以看出，合成体系在 298~1400K 的温度范围内，Co_3O_4 可与 H、C 进行反应生成 CoO，并且从式（7-8）与式（7-9）的曲线还可以看出，Co_3O_4 与 C 反应的吉布斯自由能比 Co_3O_4 与 H 的还要更低，说明在理论上 C 更易参与还原反应。Co_3O_4 被还原生成的 CoO 又可与 H 反应生成金属 Co。从图 7-26 可知，当温度高于 978K 时，反应体系中才有可能出现 CO，因此在低于 978K 的温度时虽然式（7-11）和（式 7-15）在理论上能够进行，但由于缺少反应物 CO 导致反应无法进行；然而当温度超过 370K 时，式（7-10）可发生反应生成 CO，因此分析认为当温度达到 370K 时，由于式（7-10）的进行产生了 CO，故此时式(7-11) 和式（7-15）也可进行反应。当温度达到 520K 时，式（7-13）可发生反应，此

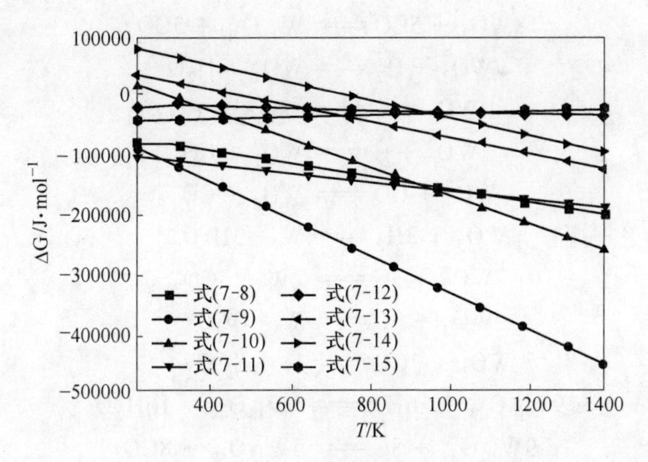

图 7-27 Co_3O_4 还原反应的 $\Delta G_T^{\ominus}$ -T 曲线

时 CoO 不仅只可被 H 还原为金属 Co，C 也可将 CoO 还原为金属 Co。当温度达到 770K 时，式（7-14）才能进行反应，然而此时 Co_3O_4 和 CoO 均已通过其他反应被还原生成了金属 Co。

有学者研究了 Co_3O_4 和 C 的反应体系的 $\Delta G_T^{\ominus}$ 与温度 T 的关系，认为 Co_3O_4 被 C 还原生成 CoO 的反应温度大约为 373K，而 Co_3O_4 被 C 还原成金属 Co 的温度约为 673K；当温度达到 520K 时，CoO 可被 C 还原生成金属 Co。因此以 C 作还原剂，Co_3O_4 的还原途径为 Co_3O_4→CoO→Co。当以 H 为还原剂时，Co_3O_4 首先被 H 还原为 CoO，反应温度约为 473K，随后 CoO 再被 H 还原为金属 Co。由上述分析可知，Co_3O_4 总的还原途径为 Co_3O_4→CoO→Co，但不同阶段优先参与反应的还原剂不同，Co_3O_4 首先在 373K 时与 C 反应生成 CoO，随后 CoO 优先与 H 反应生成 Co。

7.3.2.3 WO_3 的还原

氧化钨除了 WO_3 外，还有 $W_{10}O_{29}$、$W_{18}O_{49}$ 和 WO_2 低价氧化钨，因此 WO_3 的还原过程更加复杂，在 C、H 等还原剂的作用下，体系可能发生的还原反应如下所示。

$$10WO_3 + H_2 = W_{10}O_{29} + H_2O \tag{7-16}$$

$$20WO_3 + C = 2W_{10}O_{29} + CO_2 \tag{7-17}$$

$$10WO_3 + C = W_{10}O_{29} + CO \tag{7-18}$$

$$10WO_3 + CO = W_{10}O_{29} + CO_2 \tag{7-19}$$

$$18WO_3 + 5H_2 = W_{18}O_{49} + 5H_2O \tag{7-20}$$

$$36WO_3 + 5C = 2W_{18}O_{49} + 5CO_2 \tag{7-21}$$

$$18WO_3 + 5C = W_{18}O_{49} + 5CO \tag{7-22}$$

$$18WO_3 + 5CO \longrightarrow W_{18}O_{49} + 5CO_2 \quad (7\text{-}23)$$

$$WO_3 + H_2 \longrightarrow WO_2 + H_2O \quad (7\text{-}24)$$

$$2WO_3 + C \longrightarrow 2WO_2 + CO_2 \quad (7\text{-}25)$$

$$WO_3 + C \longrightarrow WO_2 + CO \quad (7\text{-}26)$$

$$WO_3 + CO \longrightarrow WO_2 + CO_2 \quad (7\text{-}27)$$

$$WO_3 + 3H_2 \longrightarrow W + 3H_2O \quad (7\text{-}28)$$

$$2WO_3 + 3C \longrightarrow 2W + 3CO_2 \quad (7\text{-}29)$$

$$WO_3 + 3C \longrightarrow W + 3CO \quad (7\text{-}30)$$

$$WO_3 + 3CO \longrightarrow W + 3CO_2 \quad (7\text{-}31)$$

$$9W_{10}O_{29} + 16H_2 \longrightarrow 5W_{18}O_{49} + 16H_2O \quad (7\text{-}32)$$

$$9W_{10}O_{29} + 8C \longrightarrow 5W_{18}O_{49} + 8CO_2 \quad (7\text{-}33)$$

$$9W_{10}O_{29} + 32C \longrightarrow 10W_{18}O_{49} + 32CO \quad (7\text{-}34)$$

$$9W_{10}O_{29} + 16CO \longrightarrow 5W_{18}O_{49} + 16CO_2 \quad (7\text{-}35)$$

$$W_{10}O_{29} + 9H_2 \longrightarrow 10WO_2 + 9H_2O \quad (7\text{-}36)$$

$$2W_{10}O_{29} + 9C \longrightarrow 20WO_2 + 9CO_2 \quad (7\text{-}37)$$

$$W_{10}O_{29} + 9C \longrightarrow 10WO_2 + 9CO \quad (7\text{-}38)$$

$$W_{10}O_{29} + 9CO \longrightarrow 10WO_2 + 9CO_2 \quad (7\text{-}39)$$

$$W_{10}O_{29} + 29H_2 \longrightarrow 10W + 29H_2O \quad (7\text{-}40)$$

$$2W_{10}O_{29} + 29C \longrightarrow 20W + 29CO_2 \quad (7\text{-}41)$$

$$W_{10}O_{29} + 29C \longrightarrow 10W + 29CO \quad (7\text{-}42)$$

$$W_{10}O_{29} + 29CO \longrightarrow 10W + 29CO_2 \quad (7\text{-}43)$$

$$W_{18}O_{49} + 13H_2 \longrightarrow 18WO_2 + 13H_2O \quad (7\text{-}44)$$

$$2W_{18}O_{49} + 13C \longrightarrow 36WO_2 + 13CO_2 \quad (7\text{-}45)$$

$$W_{18}O_{49} + 13C \longrightarrow 18WO_2 + 13CO \quad (7\text{-}46)$$

$$W_{18}O_{49} + 13CO \longrightarrow 18WO_2 + 13CO_2 \quad (7\text{-}47)$$

$$W_{18}O_{49} + 49H_2 \longrightarrow 18W + 49H_2O \quad (7\text{-}48)$$

$$2W_{18}O_{49} + 49C \longrightarrow 36W + 49CO_2 \quad (7\text{-}49)$$

$$W_{18}O_{49} + 49C \longrightarrow 18W + 49CO \quad (7\text{-}50)$$

$$W_{18}O_{49} + 49CO \longrightarrow 18W + 49CO_2 \quad (7\text{-}51)$$

$$WO_2 + 2H_2 \longrightarrow W + 2H_2O \quad (7\text{-}52)$$

$$WO_2 + C \longrightarrow W + CO_2 \quad (7\text{-}53)$$

$$WO_2 + 2C \longrightarrow W + 2CO \quad (7\text{-}54)$$

$$WO_2 + 2CO \longrightarrow W + 2CO_2 \quad (7\text{-}55)$$

根据式（6-14）计算出反应吉布斯自由能的变化值 $\Delta G_T^\ominus$ 与温度 T 的关系，其中 WO_3 的还原反应计算结果如图 7-28 所示。

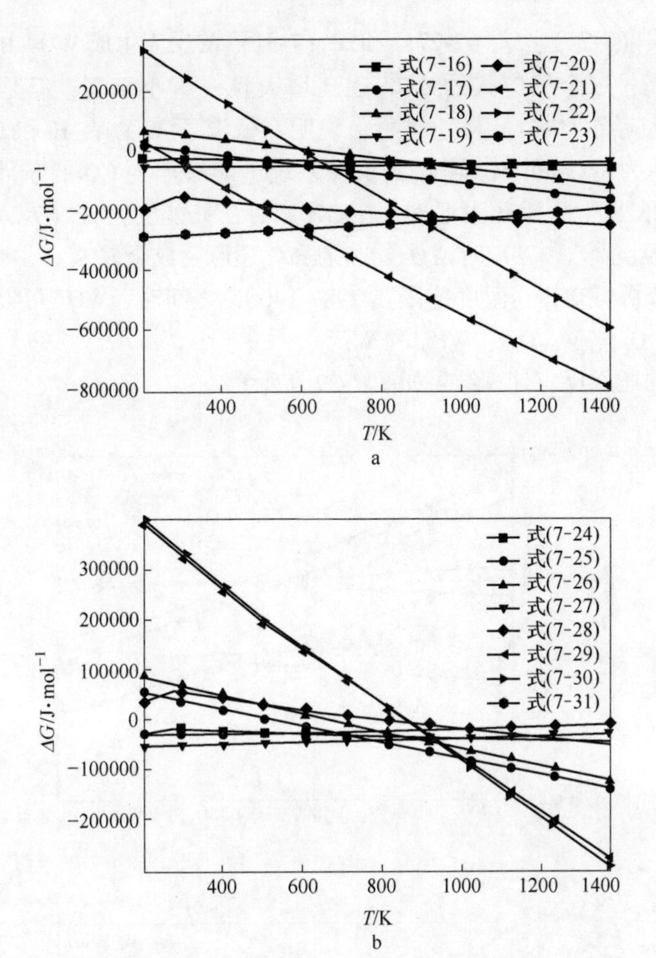

图 7-28 WO_3 还原反应的 $\Delta G_T^\ominus$ -T 曲线

a—式（7-16）~式（7-23）；b—式（7-24）~式（7-31）

从图 7-28a 可以看出合成温度达到 700K 以上时，式（7-16）至式（7-23）的反应均可发生，WO_3 被还原为 $W_{10}O_{29}$ 和 $W_{18}O_{49}$。温度低于 680K 时，式（7-23）的 $\Delta G_T^\ominus$ 最小，说明 CO 最容易还原 WO_3，H 还原 WO_3 的式（7-20）的 $\Delta G_T^\ominus$ 次之。从图 7-27 可知当温度超过 370K 时式（7-10）进行产生 CO，因此当温度低于 370K 时，由于缺少还原剂 CO，系统中最容易发生的反应是式（7-20），当温度高于 370K 时，发生式（7-23）的反应。当温度达到约 570K 时，式（7-21）的 $\Delta G_T^\ominus$ 要比式（7-20）的更小，此时 C 更易还原 WO_3。温度达到 700K 时，反应式（7-22）可进行，产生 CO，当温度达到 980K 时，式（7-22）的 $\Delta G_T^\ominus$ 比式（7-23）的更小，此时最容易对 WO_3 进行还原的是 C。

由图 7-28b 可知，WO_3 除了可以被还原成为 $W_{10}O_{29}$ 和 $W_{18}O_{49}$ 两种物相外，

还可以通过式（7-24）、式（7-27）和式（7-31）的反应生成 WO_2 和 W，随着反应温度的升高，三个反应式的 $\Delta G_T^{\ominus}$ 逐渐增大且一直小于零，但是当温度达到 1100K 时，反应式（7-31）停止进行，说明在低温下 WO_3 在 H 和 CO 的作用下更容易被还原为 WO_2 和 W。考虑到反应系统中能够产生 CO 的条件是反应温度需要达到 370K 以上，因此当温度低于 370K 时，只能发生式（7-24）的反应生成 WO_2，当温度高于 370K 时 WO_3 才能被 CO 还原生成金属 W。

由上述分析可知，当温度范围在 298～1400K 之间时，WO_3 可以被还原生成的物相有 $W_{10}O_{29}$、$W_{18}O_{49}$、WO_2 和 W。

$W_{10}O_{29}$的还原反应计算结果如图 7-29 所示。

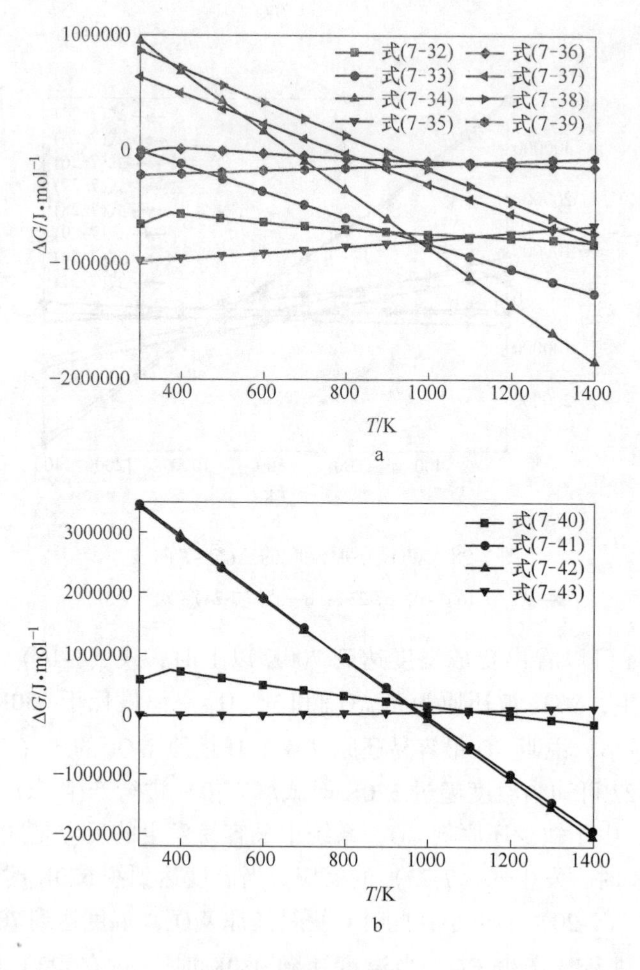

图 7-29　$W_{10}O_{29}$还原反应的 $\Delta G_T^{\ominus}$ -*T* 曲线

a—式（7-32）～式（7-39）；b—式（7-40）～式（7-43）

从图 7-29a 中可以看出当反应温度高于 660K 时反应式（7-32）至式（7-36）和式（7-39）均可进行，生成物有 $W_{18}O_{49}$ 和 WO_2；当温度分别达到 770K 和 880K 时，式（7-37）和式（7-38）也可发生反应，生成 WO_2。从图 7-29（b）可知，在计算温度范围内式（7-43）可发生反应生成金属 W，但是其还原剂为 CO，由前面分析可知只有当温度高于 370K 时系统中才会出现 CO，因此当低于 370K 时 $W_{10}O_{29}$ 不能被直接还原成 W。当温度升高到 990K 以上时，式（7-41）和式（7-42）可发生反应，$W_{10}O_{29}$ 被 C 直接还原生成金属 W，然后当温度达到 1170K 时，H 才能直接将 $W_{10}O_{29}$ 还原为 W。

$W_{18}O_{49}$ 的还原反应计算结果如图 7-30 所示。通过分析图 7-30 可知，式（7-47）的 $\Delta G_T^\ominus$ 在 1360K 以下时小于零，说明可进行反应，但是还原剂为 CO，仍然受到还原剂 CO 的制约，只有当温度处于 370~1360K 之间时，式（7-47）才有可能发生反应生成 WO_2。式（7-51）的 $\Delta G_T^\ominus$ 在温度的计算范围大于零，反应不能进行；式（7-48）、式（7-39）和式（7-50）只有当温度分别达到 1300K、1030K 和 1000K 以上时才能发生反应，因此，可以认为在 1000K 以下时，$W_{18}O_{49}$ 无法被直接还原为金属 W，只有温度达到一定条件后，$W_{18}O_{49}$ 才会被 C 还原为 W，并且 H 参与的还原反应要求的温度条件更高（1300K）。从图中还可看出，当温度低于 850K 时，$W_{18}O_{49}$ 只能通过反应式（7-47）被 CO 还原为 WO_2。

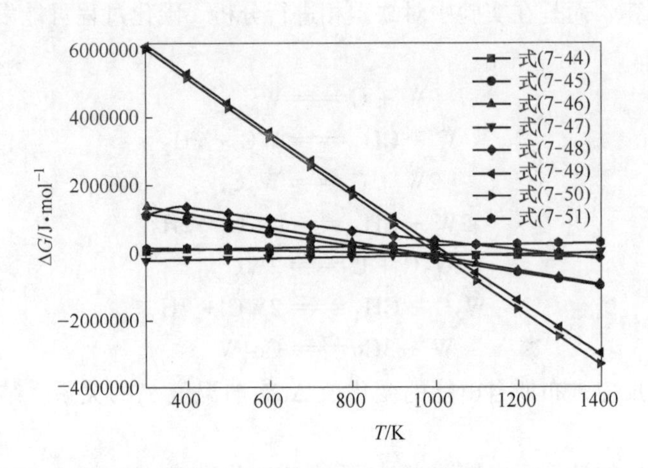

图 7-30 $W_{18}O_{49}$ 还原反应的 $\Delta G_T^\ominus$ -T 曲线

WO_2 的还原反应计算结果如图 7-31 所示。从图中可以看出，式（7-55）的 $\Delta G_T^\ominus$ 在温度的计算范围内大于零，说明不能进行反应。当温度达到约 1000K 以上时，反应式（7-53）和式（7-54）的 $\Delta G_T^\ominus$ 小于零，反应可以进行，此时的还原剂为 C；当温度达到 1380K 以上时，H 才能通过式（7-52）的反应关系进行还原 WO_2 生成金属 W。

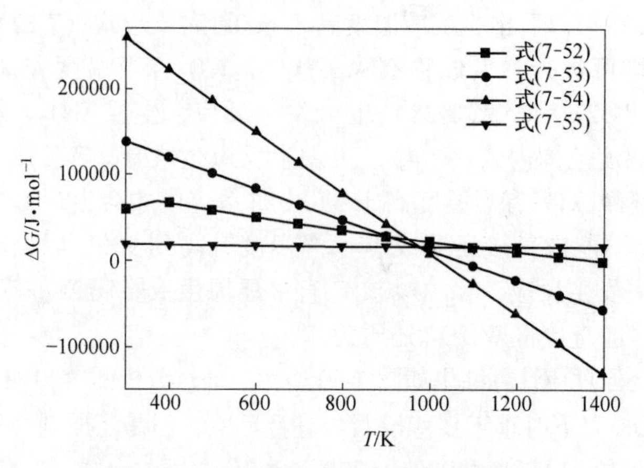

图 7-31　WO_2 还原反应的 $\Delta G_T^{\ominus}$-T 曲线

7.3.2.3　W 的碳化

由图 7-26 可知，当温度低于 820K 时，C 与 H 发生反应生成 CH_4，因此系统中可参与碳化反应的除了 W、C 之外，还有 CH_4。另外由 W-Co-C 相图可知还原生成的金属 Co 也会参与反应生成 Co_3W_3C 等缺碳相，但是目前国内外的研究文献中没有关于缺碳相的热力学数据，因此在 W 的碳化热力学分析中暂不研究缺碳相的反应规律，而是在实验中对缺碳相进行分析。碳化过程可能发生的反应如下所示。

$$W + C = WC \tag{7-56}$$

$$W + CH_4 = WC + 2H_2 \tag{7-57}$$

$$2W + C = W_2C \tag{7-58}$$

$$2W + CH_4 = W_2C + 2H_2 \tag{7-59}$$

$$W_2C + C = 2WC \tag{7-60}$$

$$W_2C + CH_4 = 2WC + 2H_2 \tag{7-61}$$

$$W + 3Co = Co_3W \tag{7-62}$$

计算出各反应吉布斯自由能的变化值 $\Delta G_T^{\ominus}$ 与温度 T 的关系，结果如图 7-32 所示。

由图可知，在计算温度范围内 W 可被 C 碳化生成 WC 和 W_2C；当温度达到 450K 时 W 可被 CH_4 碳化生成 WC，当温度达到 630K 时 W 可被 CH_4 碳化生成 W_2C。当温度达到 1040K 时，W 与 CH_4 发生反应的 $\Delta G_T^{\ominus}$ 比与 C 反应的更低，说明在高温范围内 W 更易与 CH_4 发生反应，然而由图 7-26 知此时温度高于 820K 时，C 与 H 不发生反应，因此温度高于 820K 以上可不考虑 CH_4 参与的反应。本实验中的碳化温度为 1173K，在此温度下 W 与 C 反应生成 WC 的 $\Delta G_T^{\ominus}$ 比生成 W_2C 的更小，说明式（7-56）可进行的反应趋势比式（7-58）的更大；另外

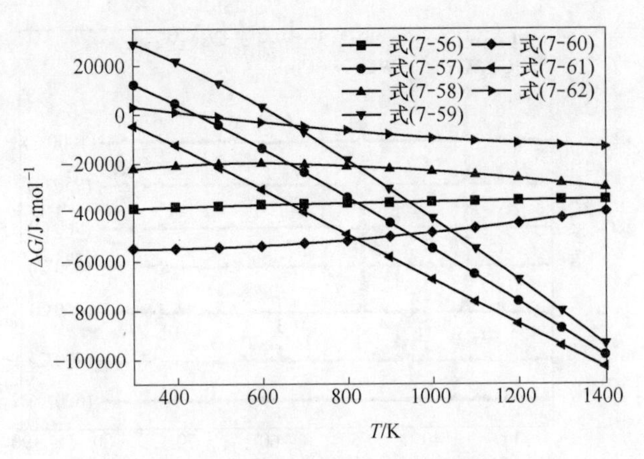

图 7-32　W 碳化反应的 $\Delta G_T^{\ominus}$ -T 曲线

W_2C 与 C 反应生成 WC 的 $\Delta G_T^{\ominus}$ 最小，可以认为在此温度下 W_2C 并不稳定，会与 C 反应生成更加稳定的 WC 相；另外还原生成的 Co 和 W 在 450K 以上时会发生反应生成 Co_3W 相，其会与 C 反应生成 Co_6W_6C 等脱碳相。

7.3.3　合成参数对复合粉末的影响

低温原位合成是超细 WC-6Co 复合粉制备工艺中最后也是最重要的一个步骤，合成工艺直接影响复合粉形貌、WC 晶粒尺寸等性能。介绍了合成工艺中粉末物相的变化过程和低温合成关键参数（合成温度、氢气流量等）对粉末的影响。

7.3.3.1　*反应温度*

固定保温时间为 60min、氢气流量为 1.3m^3/h、料层厚度为 15mm，根据反应热力学分析结果，将合成反应温度分别设置为 600℃、700℃、800℃、850℃、900℃、950℃和 1000℃。研究各温度下粉末的物相组成，推导粉末原位合成的反应过程，以及不同温度下粉末的微观形貌和碳、氧含量。图 7-33 为不同温度合成的粉末 XRD 结果。

从图中可以看出，600℃反应 1h 制备的粉末物相主要为钨的氧化物，包括 WO_3、$W_{25}O_{73}$、$W_{18}O_{49}$ 和 WO_2，由图 7-28 分析可知，WO_3 约在 700K（427℃）以上时可与 H、C 等发生还原反应生成低价氧化钨（$W_{10}O_{29}$、$W_{18}O_{49}$、WO_2），XRD 检测结果与热力学分析结果相符。700℃反应 1h 的粉末中有 Co_3W、Co_6W_6C 和 W，未见明显的氧化钨衍射峰，说明此时氧化钨已被还原为金属 W。由图7-32 可知还原的 W 和 Co 会发生反应，并且 W 发生了碳化反应生成了缺碳相 Co_6W_6C。当温度升至 800℃时，粉末中出现了较为明显的 WC 相，同时粉末中还检测到 CCo_2W_4，这也是缺碳相的一种，在 700℃制备的粉末中占主峰的 W 已经

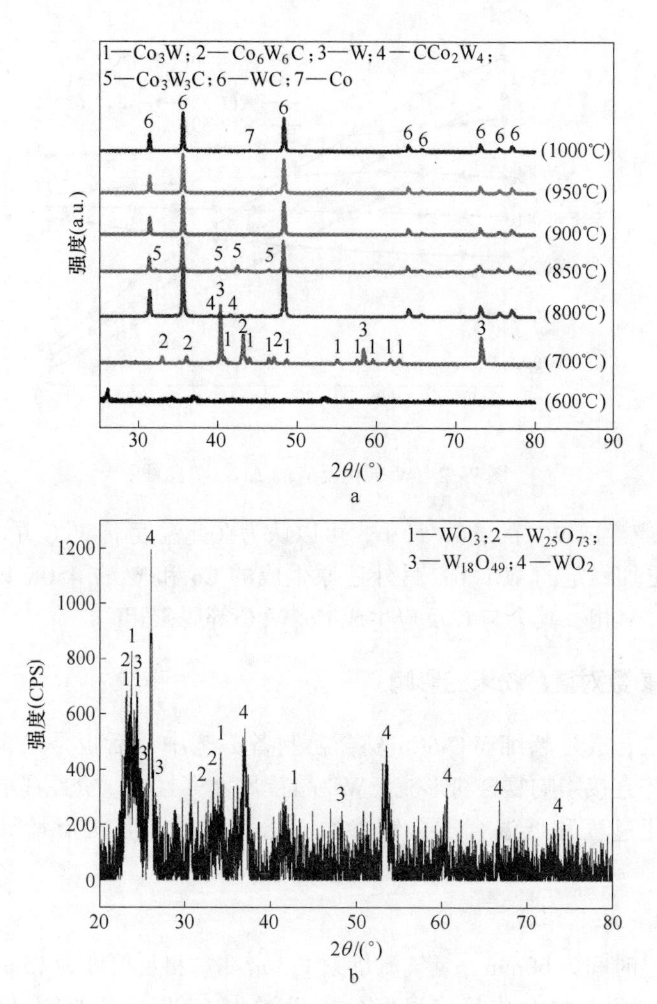

图 7-33　不同合成温度制备的粉末 XRD 图谱

a—600～1000℃；b—600℃粉末的放大图

消失，说明此时 W 已被碳化生成了 WC 和 CCo_2W_4 等。随着温度的进一步升高，到 850℃时，粉末中的缺碳相由 CCo_2W_4 转变为 Co_3W_3C。有学者认为 W 在碳化时先会生成 W_2C，再由 W_2C 碳化为 WC，然而在本实验中并未检测到 W_2C。由图 7-32 分析可知，W 在碳化过程中会生成 W_2C，但由于生成 WC 的反应式的 $\Delta G_T^{\ominus}$ 比生成 W_2C 的更小，因此 W 的碳化产物以 WC 为主，可能存有少量 W_2C。此外，由热力学分析知 W_2C 在 1000K 以上很不稳定，易与 C 发生反应生成更加稳定的 WC 相，因此在碳化过程中生成的少量 W_2C 也会在 C 的作用下发生反应生成 WC。当温度达到 900℃时，粉末中仅存在 WC 和 Co 相；继续升高反应温度至 1000℃，粉末的 XRD 结果几乎不变，未见有的学者报道的会出现 W_2C 相，这

是因为 W_2C 并不稳定，易与 C 反应生成 WC，因此在 1000℃ 制备的粉末中并不存在 W_2C 相。

一般认为 W 的碳化从 830℃开始，但是碳化速度很慢，即使延长碳化时间仍然不能使碳化反应进行完全，只有当温度达到 1300℃时，碳化速度才会大幅增加。然而在研究本实验的低温原位合成过程中发现温度在 800℃时粉末中就可检测出较多的 WC 相，并且当温度达到 900℃时反应 1h 的粉末就只含有 WC 和 Co 相，说明 W 被碳化的较为完全。分析原因认为，W 的碳化是 C 向 W 颗粒内部扩散反应生成 WC 的一个过程。在传统碳化工艺中，W 与碳源（主要为炭黑）通过混合后再经高温处理使其发生碳化反应，C 颗粒较大，与 W 的接触面积有限导致 C 向 W 颗粒扩散的路径增加，因此碳化反应需要在更高温度的条件下进行。传统碳化过程中由 C 扩散至 W 表面生成 W_2C，随着 C 的继续扩散，表面的 W_2C 被碳化为 WC，次表层生成 W_2C，并且 W_2C 的位置随着 C 的扩散不断向内部迁移，直至 W 颗粒中心位置也被碳化为 WC，过程可简单描述为 $W \rightarrow W + W_2C \rightarrow W + W_2C + WC \rightarrow W_2C + WC \rightarrow WC$。而在本实验中，通过水溶液喷雾方法制备的粉末中呈均匀分布的有机物发生分解生成活性炭，活性炭在粉末中也分布均匀，能够很好地与 W、Co 元素形成紧密的接触，因此在碳化时 C 与 W 发生原位碳化，C 的扩散路径大为减小；此外还原制备的 W 晶粒尺寸小，表面能高，也更加容易发生碳化反应；还有，本实验的碳化体系有 Co 参与反应，根据图 7-32 的热力学分析认为 Co 与 W 易生成 Co_3W，C 在 Co_3W 中进行扩散反应逐步生成 Co_6W_6C、CCo_2W_4 和 Co_3W_3C 等，Co 对 W 的碳化具有催化促进作用，最后生成 WC。有学者认为随着温度的升高，W/Co/C 反应体系中可不生成 Co_3W 和 Co_6W_6C 相，而是直接生成 Co_3W_3C 并与 C 反应生成 WC。

综合上述分析可知在本实验中的碳化过程在传统碳化过程的基础上，还有新的碳化途径，其可简单描述为 $W + Co + C \rightarrow Co_3W + C \rightarrow$ 中间相（Co_6W_6C、CCo_2W_4 和 Co_3W_3C 等）$\rightarrow WC + Co$，碳化示意图如图 7-34 所示。

图 7-35 分别为未合成和在 900℃原位合成 1h 粉末 XPS 检测结果。图 7-36 为不同合成温度制备的复合粉 SEM 微观形貌图。

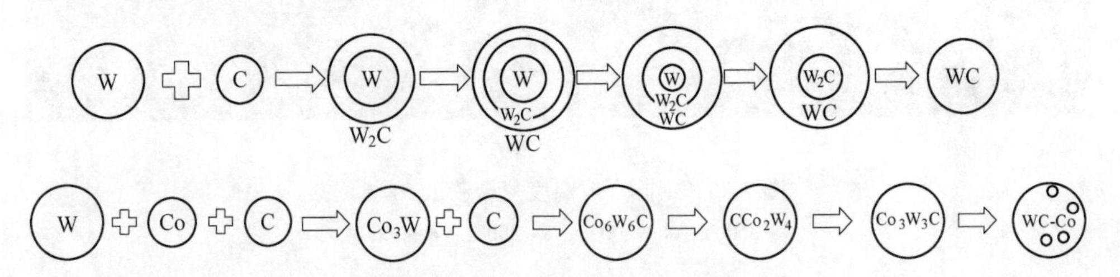

图 7-34 本实验碳化过程示意图

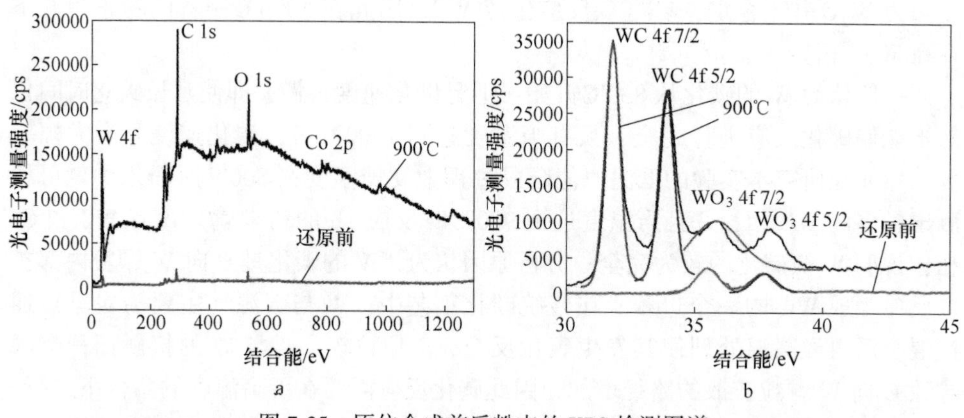

图 7-35 原位合成前后粉末的 XPS 检测图谱

a—全谱图；b—W 4f

图 7-36 不同合成温度复合粉的 SEM 图

a—600℃；b—800℃；c—900℃；d—1000℃

从 XPS 全谱可以看出，在相同测试条件下未合成的峰相对强度较弱，而 900℃原位合成后粉末的峰强度相对高出近十倍。图 7-35b 显示的是粉末中 W 4f

的衍射峰，从图中可以看出，未合成粉末中的 W 多以 WO_3 的形式存在，当粉末在 900℃原位合成 1h 后粉末中的 W 多为 WC。由于 XPS 的检测深度仅为几个纳米，对样品表面非常敏感，合成后粉末 XPS 图谱出现的 WO_3，可能是由于粉末被氧化导致的。

从图 7-36 中可以看出温度为 600℃合成的粉末呈片状形貌，与其他温度下合成的粉末并不相同，这是因为 600℃合成的粉末还未形成 WC 晶粒，仍然是钨的氧化物。对比 800℃、900℃及 1000℃下合成的粉末形貌发现，当温度为 800℃时，WC 晶粒呈现出近球形形貌，晶粒的边角不明显；随着温度的升高 WC 晶粒开始出现较为明显的尖角，当温度升高至 1000℃时，WC 晶粒出现规则的几何形状，说明在 1000℃时 WC 晶粒发育的较为完整。由于 WC 粉末比较细小，在合成阶段易发生团聚黏结，并且随着温度的升高，黏结现象更加普遍。从图中可以看出，随着合成温度的升高，WC 晶粒尺寸呈增大的趋势。

复合粉中的 C 主要有两种形式：化合碳和游离碳。图 7-37 所示为不同合成温度下复合粉 C 含量的检测结果。

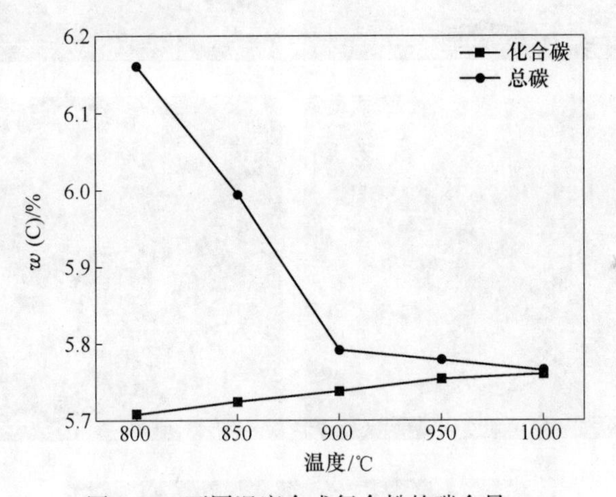

图 7-37　不同温度合成复合粉的碳含量

从图 7-37 中可以看出粉末总碳含量随着温度的升高而降低，但是化合碳随着温度的上升而增加。当合成温度为 800℃和 850℃时，粉末总碳含量分别为 6.161%和 5.994%，远大于 WC-6Co 复合粉的理论含碳量（5.765%），由图 7-33 可知此时粉末中还存在较大脱碳相，说明此时 W 未被碳化完全，粉末中的游离碳含量较高。当温度升至 900℃时化合碳为 5.739%，接近于理论值，此时总碳量为 5.791%。温度持续升高粉末化合碳和总碳含量趋于稳定，说明在当温度大于 850℃时升高温度能够有效去除粉末中多余的游离碳。分析认为 C 向 W 或者脱碳相进行扩散的速率随着温度的升高而增加，因此合成温度越高则 W 被碳化的速率越快，粉末中的化合碳含量越大。另外由图 7-26 可知，当温度高于约 1000K

（727℃）粉末中的 C 会与还原残留的 H_2O 发生反应生成 CH_4 逸出，并且随着温度的升高反应更容易进行，因此升高温度能够降低粉末中的总碳含量。由上述分析认为，合成温度设置为 900℃即可制备出成分较为纯净的 WC-6Co 复合粉末。

7.3.3.2　氢气流量

固定合成温度 900℃，保温时间为 60min、料层厚度为 15mm，分别设置 H_2 流量为 1.1m³/h、1.3m³/h、1.5m³/h、1.7m³/h 和 1.9m³/h，研究不同 H_2 流量对复合粉形貌及 C 含量的影响。图 7-38 所示为不同流量合成复合粉的 SEM 图。

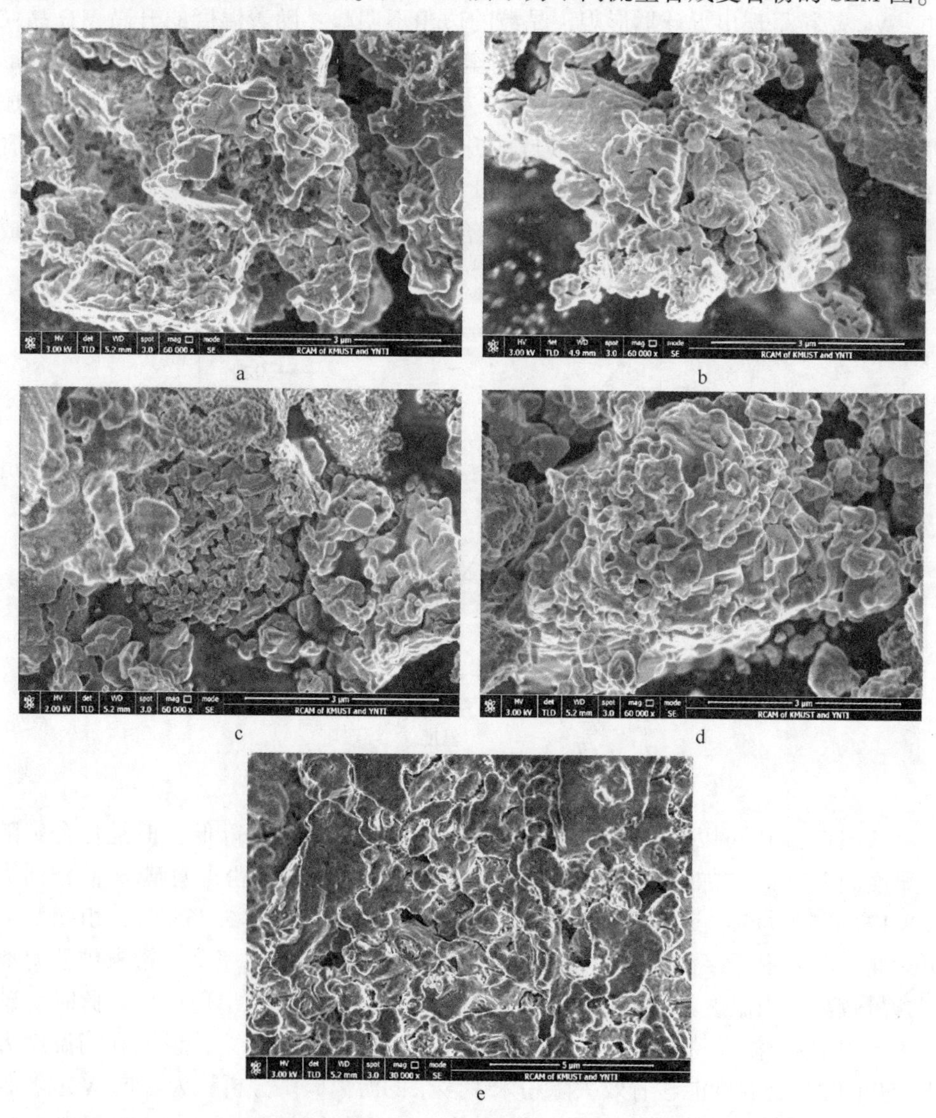

图 7-38　不同 H_2 流量合成复合粉的 SEM 图

a—1.1m³/h；b—1.3m³/h；c—1.5m³/h；d—1.7m³/h；e—1.9m³/h

从图中可以看出粉末团聚较多，WC 晶粒尺寸随着流量的增加而减小。分析认为原因主要有以下两点：首先 H_2 流量越大，则氧化物还原速率越快，W 晶粒来不及长大就已经还原完成，降低 W 晶粒之间的相互黏结与长大几率；其次氧化钨会与还原得到的 H_2O 发生反应生成气态水化物 $WO_2(OH)_2$（如图 7-39 所示），同时氧化钨也会发生挥发，气态 $WO_2(OH)_2$ 和挥发的氧化钨会在 H_2 的作用下发生还原，沉积在先被还原的 W 颗粒表面使其长大，并最终经过碳化过程使 WC 晶粒发生长大。因此增大 H_2 流量有利于将炉内的水蒸气和挥发成气体的氧化钨的排出，抑制氧化钨与水蒸气的反应，从而减小 W 和 WC 晶粒的长大概率。

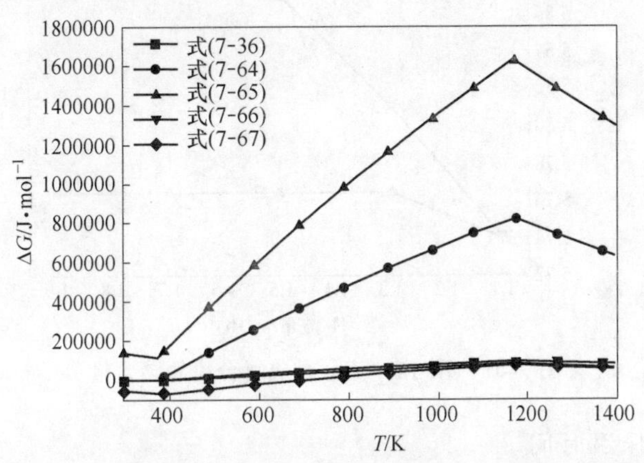

图 7-39 钨与水蒸气反应的 $\Delta G_T^\ominus$ -T 曲线

在还原碳化过程中氧化钨、纯钨与 H_2O 可能发生的反应如下所示。

$$WO_3 + H_2O \longrightarrow WO_2(OH)_2 \tag{7-63}$$

$$W_{10}O_{29} + 11H_2O \longrightarrow 10WO_2(OH)_2 + H_2 \tag{7-64}$$

$$W_{18}O_{49} + 23H_2O \longrightarrow 18WO_2(OH)_2 + 5H_2 \tag{7-65}$$

$$WO_2 + 2H_2O \longrightarrow WO_2(OH)_2 + H_2 \tag{7-66}$$

$$W + 4H_2O \longrightarrow WO_2(OH)_2 + 3H_2 \tag{7-67}$$

计算出各反应吉布斯自由能的变化值 $\Delta G_T^\ominus$ 与温度 T 的关系，结果如图 7-39 所示。由图中可以看出当温度低于 390K 时，WO_3 可与 H_2O 反应生成 $WO_2(OH)_2$；当温度在 350~380K 范围内时，WO_2 可与 H_2O 反应生成 $WO_2(OH)_2$；当温度低于 700K 时，W 可与 H_2O 反应生成 $WO_2(OH)_2$。

图 7-40 所示为不同 H_2 流量作用下复合粉的碳含量变化曲线。从图可知当 H_2 流量小于 $1.3m^3/h$ 时，粉末中的总碳和化合碳随着流量的增加而增加；当流量大于 $1.3m^3/h$ 时，化合碳几乎不变，总碳含量随着流量的增加而增加，说明粉末中增加的碳是游离碳。分析认为 C 可与 H_2O 发生反应生成含 C 气体，气体在粉末中的迁移速率远大于 C 的扩散速率，因此随着 H_2 流量的增大更有利于 C 元

素的迁移，缩短扩散路径使 W 更容易被碳化，因此当流量小于 1.3m^3/h 时粉末中的化合碳随着流量的增加而增加；当流量为 1.3m^3/h 时，粉末化合碳含量（5.739%）接近于理论含量，再增大 H_2 流量，粉末中的化合碳几乎不变。继续增大 H_2 流量，会将炉内还原生成的 H_2O 迅速带出炉外，降低 C 与 H_2O 反应的概率，导致粉末中留下较多的 C 元素。

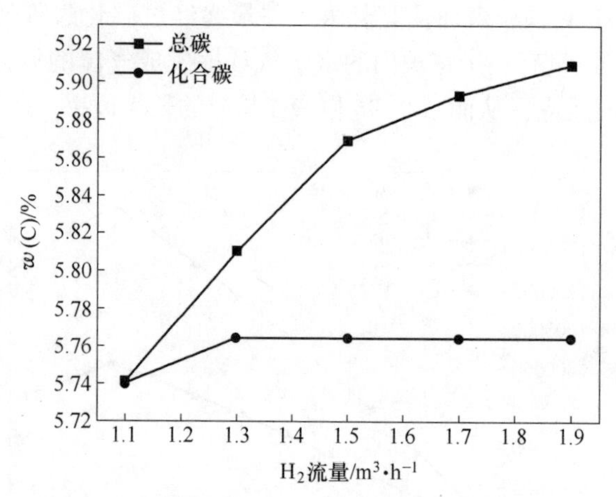

图 7-40　不同 H_2 流量合成复合粉的碳含量

7.3.3.3　保温时间

固定合成温度 900℃、H_2 流量为 1.3m^3/h、料层厚度为 15mm，分别设置保温时间为 40min、60min 和 80min 制备复合粉。图 7-41 所示为不同保温时间复合粉的形貌。

从图中可以看出，WC 晶粒尺寸随着保温时间的延长而增大，并且晶粒逐渐出现尖角并形成具有清晰轮廓的不规则几何形状，如图中箭头所示，说明保温时间越长 WC 晶粒发育越完整。分析认为在合成过程中，WC 晶粒会发生相互黏结长大，但是由于这种长大机制主要受到扩散的影响，因此较为缓慢，随着粉末

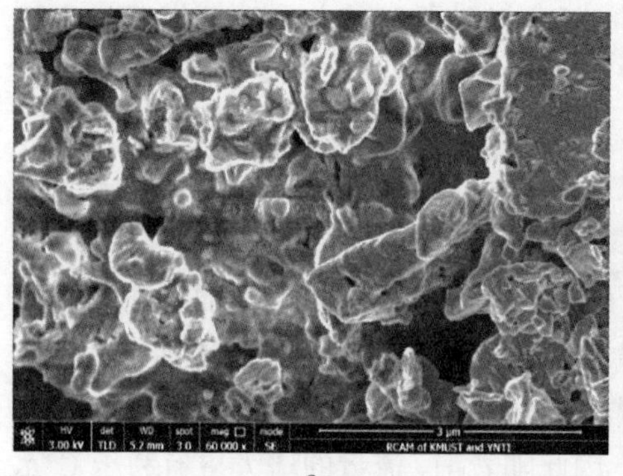

a

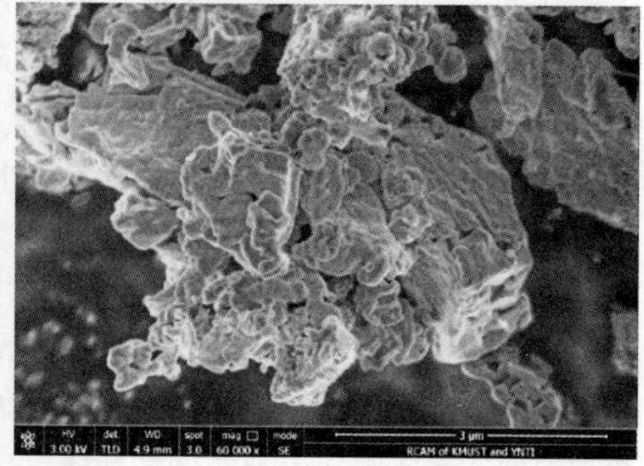

b

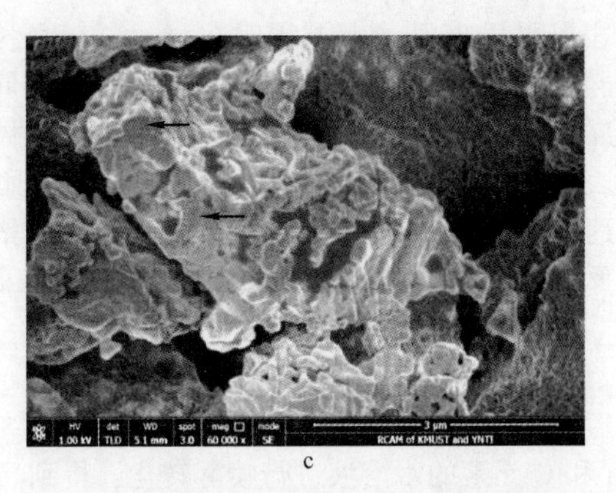

c

图 7-41　不同保温时间合成复合粉的 SEM 图

a—40min；b—60min；c—80min

受热时间的增加，WC 扩散时间增长导致 WC 晶粒长大。

7.3.3.4　*料层厚度*

固定合成温度 900℃、保温时间为 60min、H_2 流量为 1.3m^3/h，装填氧化物粉末使料层厚度达到 20mm，研究不同高度对粉末形貌的影响，结果如图 7-42 所示。

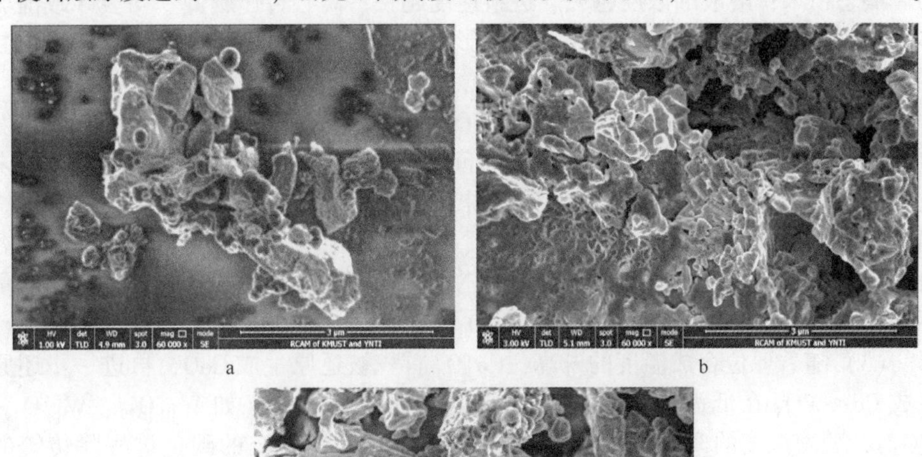

a　　　　b

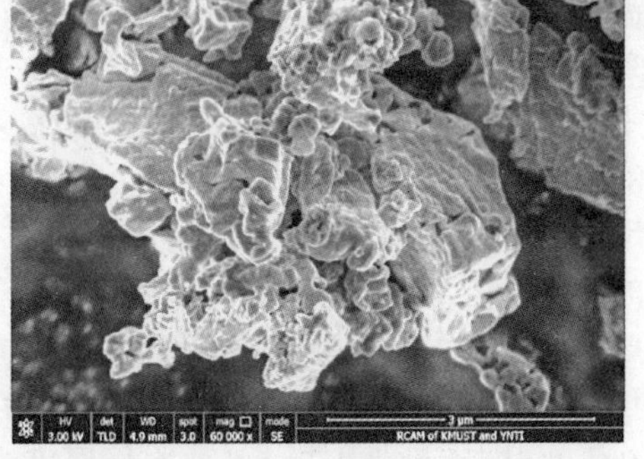

c

图 7-42　不同深度位置的粉末形貌

a—0~5mm；b—6~15mm；c—16~20mm

从图中可以看出，料层表层（由上往下 0 ~ 5mm）和底部（由上往下 16 ~ 20mm）的粉末晶粒尺寸较为接近，约为 0.36μm，而中间粉末颗粒度约为 0.25μm。分析认为在加热碳化时，表层粉末的受热时间比中间和底部粉末的更长，相当于延长了表层粉末的保温时间，因此 WC 晶粒发生团聚长大。底层粉末由于还原、碳化的速度均比上面粉末更慢，晶粒之间易相互黏结长大，另外氧化钨易与水蒸气发生反应生成 $WO_2(OH)_2$ 再沉积到 WC 晶粒表面使其长大。

7.4　本章小结

本章采用一种短流程工艺制备了超细晶 WC-6Co 复合粉。首先利用离心式喷雾塔将含有 W、Co 和 C 元素的水溶液进行喷雾转化，得到具有空心球形结构的钨钴碳前驱体粉末；随后利用连续式煅烧、还原碳化一体炉在 N_2 气氛中将前驱体粉末进行煅烧得到钨钴碳氧化物粉；最后在一体炉中通入 H_2 进行低温原位合成，制备得到超细晶 WC-6Co 复合粉。本章介绍了喷雾转化、煅烧和低温原位合成工艺对粉末微观形貌、化学成分等特征的影响，利用热力学计算结合实验对低温原位合成过程进行了研究。

（1）离心雾化制备的前驱体粉末具有空心球形结构，XRD 结果显示前驱体为非晶态粉末；溶液的浓度越大、进料速度越快、离心转速越慢，均会导致前驱体的平均粒度增大，进气温度对粒度的影响很小；进料速度越大粉末越易发生黏结现象，进气温度越高粉末颗粒表面缝隙增多。

（2）煅烧使前驱体发生分解生成 WO_3 和 Co_3O_4 氧化物，煅烧后粉末颗粒发生收缩，随着煅烧温度的升高和保温时间的延长颗粒收缩越多，N_2 流量对粉末粒度影响较小；同一舟皿的物料表层粉末的平均粒度小于内部的平均粒度。煅烧温度越高，粉末中的 C 和 O 含量均降低；保温时间越长，C 含量降低，但是保温时间超过 20min 后 C 下降不明显；随着 N_2 流量的增大粉末 C 含量增加、O 含量下降；同一舟皿的物料表层粉末的 C、O 含量要比内部的更低。

（3）随着原位合成温度的升高，Co_3O_4 首先被还原生成 CoO，再进一步还原生成 Co；WO_3 在低温阶段首先被还原生成低价氧化钨（如 $W_{10}O_{29}$、$W_{18}O_{49}$、WO_2），随着温度的升高低价氧化钨再被还原生成 W。W 的碳化过程除传统的 $W \rightarrow W_2C \rightarrow WC$ 之外，还有一种新的碳化途径：$W + Co + C \rightarrow Co_3W + C \rightarrow$ 中间相（Co_6W_6C、CCo_2W_4、Co_3W_3C）$\rightarrow WC + Co$。

（4）WC 晶粒尺寸随着合成温度的升高、保温时间的延长和 H_2 流量的减小而不断增大。温度较低时 WC 晶形为近圆形，随着温度的升高和时间的延长 WC 晶粒出现多边形、三角形等形状，WC 晶粒越大，发育越完整；H_2 流量越大 WC 晶粒越细；同一舟皿物料表层和底层粉末的 WC 晶粒比中间粉末的更大。当合成温度为 900℃，保温时间为 60min、H_2 流量为 $1.3m^3/h$、料层厚度为 15mm 时制备的粉末 WC 晶粒均匀、C 含量接近理论值，有利于制备出性能优异的硬质合金。

8　WC-Co 硬质合金的制备

采用 SPS 技术制备了 WC-Co 硬质合金，介绍了不同粉末原料对合金组织结构与性能的影响，介绍了不同添加剂和添加剂含量对合金组织、性能的影响，最后对 SPS 制备 WC-Co 硬质合金的工艺参数进行了优化，并分析了 SPS 致密化过程。

8.1　原料对合金组织与性能的影响

分别以煅烧后直接原位合成的球形 WC-6Co 复合粉，煅烧后经短时球磨、再原位合成的 WC-6Co 复合粉，市购 WC、Co 粉经湿磨混合后制备的 WC-6Co 复合粉，以及球形 WC-6Co 复合粉球磨后的粉末为原料。其中球形粉的球磨工艺：采用三辊球磨机进行球磨，球磨球为 YG8 硬质合金球，直径 6mm、球料比 5∶1、转速 100r/min、球磨时间 48h；球磨后将料浆置于真空干燥箱加热至 70℃保温 4h。再采用 SPS 制备出硬质合金，SPS 工艺：从室温升至 800℃，升温速率 100℃/min，800℃保温 30min 后再以 5℃/min 的速率升温至 1100℃，在 1100℃保温 30min，随后升温至 1250℃保温 5min 后关闭电流，样品随炉冷却至室温。

图 8-1 所示为煅烧后直接原位合成的球形 WC-6Co 复合粉，煅烧后经 4h 的短时球磨、再原位合成的 WC-6Co 复合粉，WC、Co 粉和经传统湿磨混合制备的 WC-6Co 复合粉，以及球形 WC-6Co 复合粉球磨后的粉末的形貌图。从图 8-1a 中

a

b

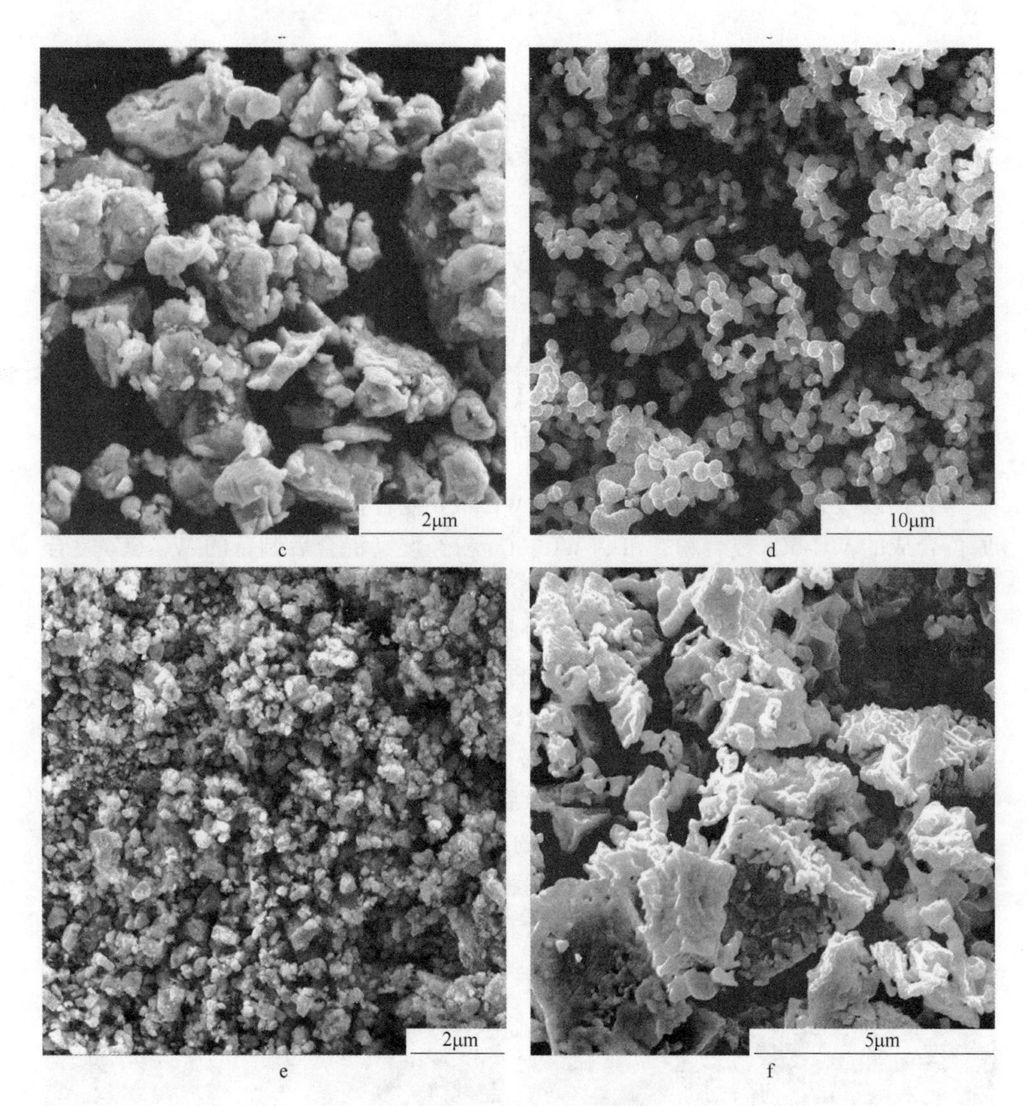

图 8-1　粉末原料的微观形貌

a—原位合成的球形复合粉；b—煅烧、球磨后，再原位合成的复合粉；c—WC；
d—Co；e—WC 与 Co 传统球磨复合粉；f—球形复合粉经球磨后的粉末

可以看出，煅烧后直接原位合成的 WC-6Co 复合粉呈球形结构，结合图 7-22 可知颗粒内部为空心结构、WC 晶粒之间存在烧结颈。煅烧后球磨再原位合成的复合粉存在团聚现象，如图 8-1b 所示。

图 8-1c 为球磨用 WC 粉末，粒度分布较为均匀，但也存在颗粒的团聚现象，WC 晶粒尺寸约为 1.4μm，粉末颗粒度约为 1.8μm；图 8-1d 为球磨用 Co 粉，粉末颗粒呈长条状，晶粒尺寸约为 0.7μm；图 8-1e 为 WC 与 Co 经球磨后制备的复

合粉，从图中看出 WC 与 Co 分布较均匀，WC 晶粒尺寸约为 0.5μm；图 8-1f 为球形复合粉经球磨后的粉末，可以看出颗粒存在结块现象，粉末难以分散。

图 8-2 为以图 8-1a、b、e 和 f 所示的粉末为原料，经 SPS 制备的 WC-6Co 硬质合金，分别编号为 1、2、3、4 号。

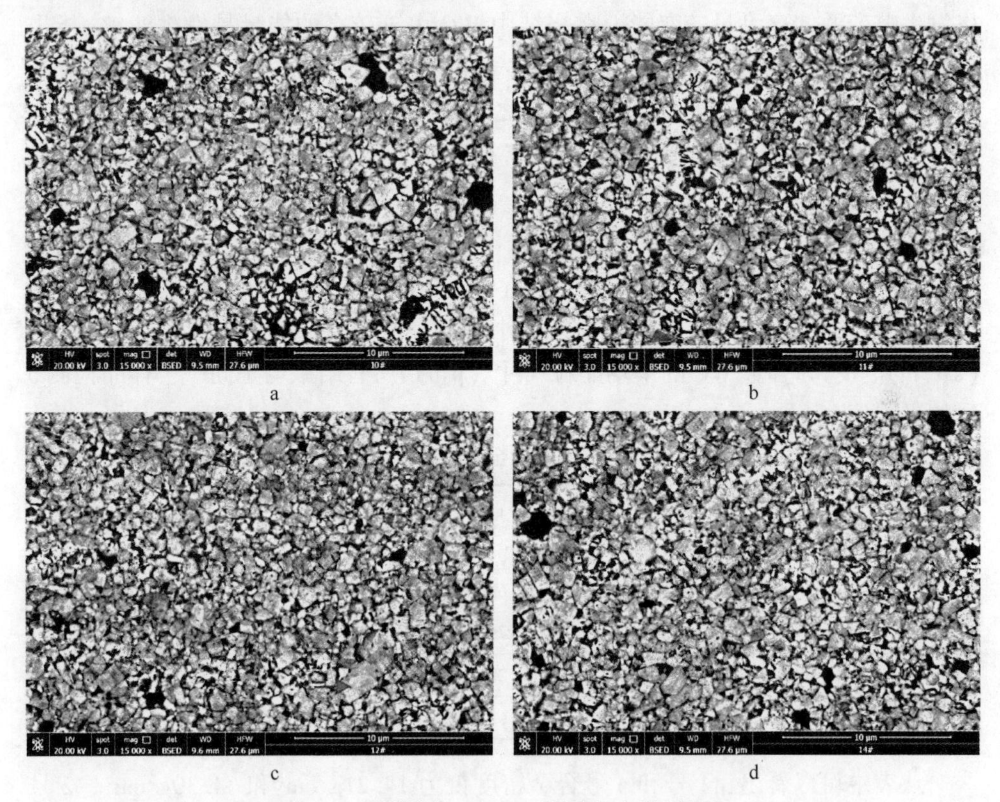

图 8-2 不同编号 WC-6Co 硬质合金微观组织

a—1 号；b—2 号；c—3 号；d—4 号

从图 8-2 中可以看出四组硬质合金均存有异常长大的 WC 晶粒，利用线性截距法统计分析 1、2、3 和 4 号合金的平均晶粒尺寸分别为 1.12μm、1.01μm、1.06μm 和 1.10μm。本书实验制备的复合粉中 WC 晶粒均比较细小（约为 0.25μm），在烧结时会发生相互黏结长大，同时由于 WC 晶粒的溶解-析出导致 WC 发生异常长大。图 8-2a 和图 8-2d 分别为以球形粉和球形复合粉球磨 48h 后的复合粉为原料制备的硬质合金，从中可以看出两组合金均有较多孔隙。分析认为煅烧后直接原位合成制备的复合粉中 WC 晶粒存在相互黏结的现象，WC 晶粒之间存在烧结颈，整个颗粒相当于一个空心球形的硬质合金球，而 SPS 具有快速升温、快速降温的特点。因此在烧结过程中难以消除合金的孔隙。另外尽管球磨可将颗粒分散，但由于 WC 与 WC 晶粒或者 WC 与 Co 之间的紧密黏结导致分散效果不理想，如图 8-1f 所示，粉末中仍然存在大量结块团聚现象，因此在烧结过程中孔隙难以被消除。以 WC、Co 为原料，采用传统球磨制备的复合粉再经 SPS 制备的 3 号合金中的孔隙率要小于 1 号和 4 号合金，但是 WC 存在较多异常长大的现象，如图中箭头所示。分析认为 WC 晶粒在球磨过程中发生变形、破碎，晶格发生畸变并储存大量畸变能，在烧结中 WC 由于较高的能量易发生溶解-析出长大。煅烧后的氧化物粉末经短时球磨，再经原位合成制备的粉末具有组元分布均匀的特征，尽管有团聚现象，但相互之间的结合并没有球形复合粉紧密，粉末较分散，如图 8-1b 所示。使用这种粉末制备的 2 号合金如图 8-2b 所示，WC 晶粒尺寸较均匀。

表 8-1 为四组合金的性能检测结果，其中 ρ 为合金密度（g/cm^3）、HV30 为压力为 30kg 力的维氏硬度（10^7Pa）、W_k 为采用 Palmqvist indentation 法计算的断裂韧性值（$MPa/m^{1/2}$）、M_s 为合金相对磁饱和（%）、H_c 为合金的矫顽磁力（kA/m）、d_{wc} 为合金 WC 的平均晶粒尺寸（μm）所有结果均是同一个样品检测 5 次的平均值。

表 8-1　四组合金性能检测结果

编号 \ 性能	$\rho/g\cdot cm^{-3}$	$HV30/10^7Pa$	W_k /$MPa\cdot m^{-1/2}$	M_s/%	H_c /$kA\cdot m^{-1}$	d_{wc}/μm
1	14.21	1700	7.62	5.89	25.6	1.12
2	14.77	2045	8.76	5.92	28.9	1.01
3	14.73	1929	9.29	5.64	28.8	1.06
4	14.30	1678	7.65	5.60	26.3	1.10

从表中可以看出，1 号和 4 号合金密度仅为 14.21g/cm^3 和 14.30g/cm^3，2 号和 3 号合金密度分别为 14.77g/cm^3 和 14.73g/cm^3。分析认为球形复合粉由于粉末颗粒存在较多空心结构，SPS 又是快速烧结技术导致制备的合金中存在较多孔隙，且部分孔径达到约 1.5μm 以上。将球形复合粉进行 48h 球磨仍然无法分散粉末颗粒，因此制备的合金密度相对较低。而煅烧后将氧化物粉末进行短时球磨，可有效分散粉末颗粒使原位合成制备的复合粉呈现均匀分散的状态，制备的合金密度较大。硬度是表征合金对变形阻力的能力大小，孔隙越多，合金在受到压力的情况下越易发生变形，硬度值下降；断裂韧性是指合金抵抗裂纹扩展的能力，孔隙越多使裂纹可沿孔隙边界迅速扩展，其在扩展过程中遇到的阻力大幅度减小，因此合金的断裂韧性也会随着孔隙的增加而下降。

3 号和 4 号合金的相对磁饱和值要比 1、2 号的更低，分析认为是由于 3、4 号复合粉原料经过了 48h 的长时间球磨，使粉末氧含量增加，在烧结时会消耗粉末中的 C 产生非磁性的脱碳相，因此合金在磁性能上表现为相对磁饱和的降低。在一定条件下硬质合金的矫顽磁力与Co平均自由程 λ 成反比，λ 越小 H_c 增大；而 λ 的大小又与WC晶粒尺寸密切相关，晶粒尺寸越细 λ 越小，因此WC晶粒越细则 H_c 越大。从表8-1可以看出2、3号合金的 H_c 要比1、4号的更大，说明2、3号合金WC晶粒更细。结合图8-2和表8-1结果可知，以煅烧后的氧化物经短时球磨，再原位合成制备的复合粉为原料制备的合金组织结构更加均匀，性能较好；而球形复合粉和球形粉的球磨粉制备的合金中孔隙较多，性能较差。

8.2 添加剂种类的影响

以将煅烧后的氧化物粉末进行4h的短时球磨，再经原位合成制备的WC-6Co复合粉为原料，分别通过球磨添加不同的添加剂后，采用SPS制备硬质合金，研究添加剂种类对合金组织性能的影响。球磨工艺：采用三辊球磨机进行球磨，球磨球为YG8硬质合金球，直径6mm、球料比5∶1、转速100r/min、球磨时间48h；球磨后将料浆置于真空干燥箱加热至70℃保温4h。随后固定SPS烧结温度为1250℃、保温时间5min、烧结压强50MPa，制备出含不同种类添加剂的WC-6Co硬质合金，研究不同添加剂（Y_2O_3、Cu、Mo和Mo_2C）对合金的组织和性能的影响。

图8-3为纯WC-6Co合金和分别添加了质量分数为1.0%的Y_2O_3、Cu、Mo和Mo_2C的WC-6Co硬质合金微观形貌图，将五组合金分别命名为5~9号。

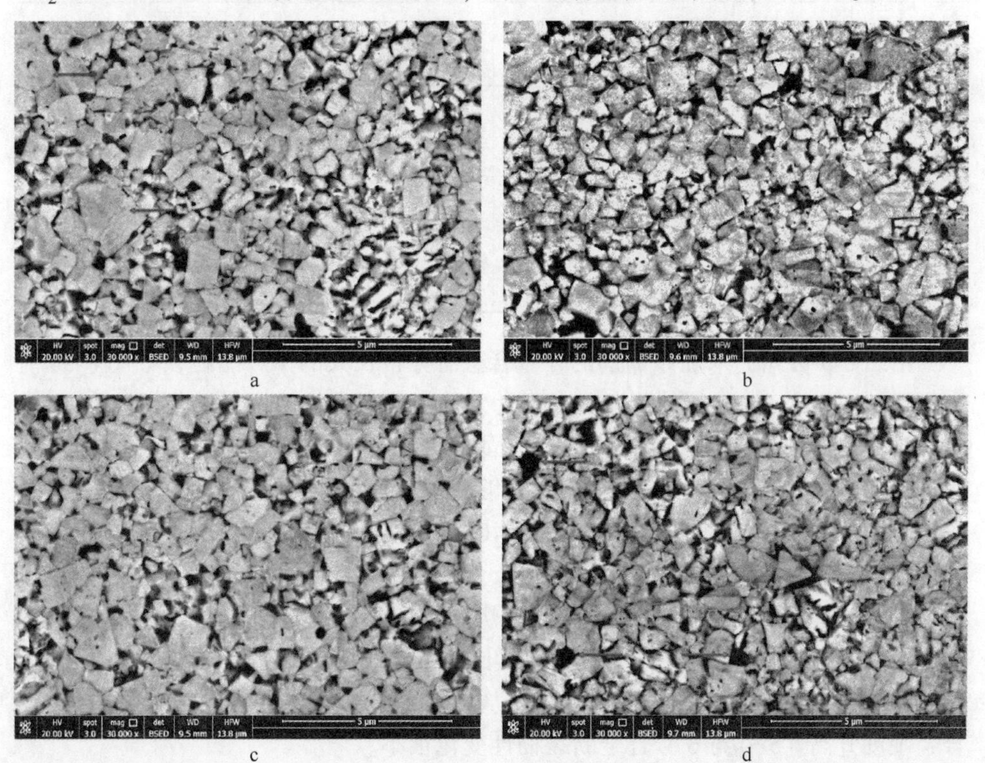

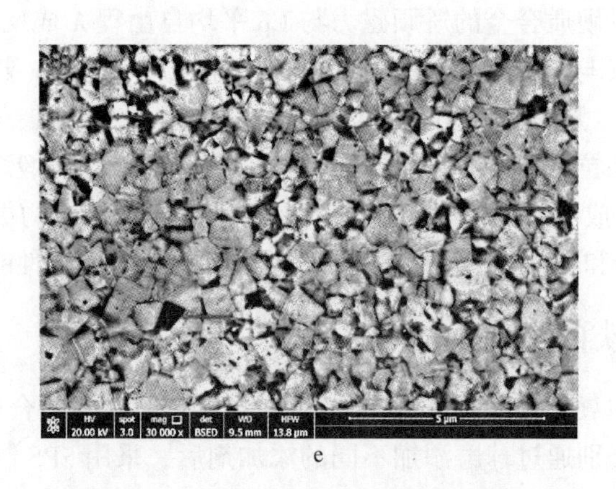

e

图 8-3　不同添加剂硬质合金微观组织

a—未添加；b—Y_2O_3；c—Cu；d—Mo；e—Mo_2C

采用截距法测量五组合金 WC 平均晶粒尺寸分别为 0.95μm、0.91μm、0.91μm、0.78μm 和 0.87μm。表 8-2 所示为五组 WC-6Co 硬质合金的性能值，所有结果均是同一个样品检测 5 次的平均值。

表 8-2　硬质合金性能检测结果

编号 \ 性能	添加剂类别	相对密度 /%	HV30 /10^{-7}Pa	W_k /MPa · $m^{-1/2}$	M_s/%	H_c /kA · m^{-1}	d_{wc} /μm
5	—	99.12	2060	8.56	5.90	29.2	0.95
6	Y_2O_3	99.11	2100	8.42	5.88	30.2	0.91
7	Cu	98.63	1876	8.16	5.89	29.4	0.91
8	Mo	98.96	2175	9.01	5.33	30.6	0.78
9	Mo_2C	99.00	2101	8.83	5.90	30.8	0.87

由图 8-3 可知，未加添加剂的 5 号合金有异常长大的 WC 晶粒，如图 8-3a 箭头所示；而加入 Y_2O_3 能使 WC 晶粒尺寸发生细化，晶粒较均匀。分析认为 Y_2O_3 分布于 WC/WC 晶界处，能够有效抑制固相烧结过程 WC 晶粒之间的黏结长大；其次 Y_2O_3 还分布于 WC/Co 晶界上，能够减少 WC 在 Co 黏结相的溶解与析出几率，从而抑制 WC 晶粒的长大。尽管 Y_2O_3 会阻碍 WC 与黏结相的接触与溶解，但从表 8-2 可知添加 Y_2O_3 的 6 号硬质合金相对密度与 5 号合金接近，这是由于 WC 与 Co 之间具有强烈的耦合作用，在烧结时形成大量液相并填充孔隙导致的。由表 8-2 可知添加 Y_2O_3 合金的维氏硬度比纯 WC-Co 高。由 Hall-Petch 关系可知，硬质随着 WC 晶粒尺寸的减小而升高，从图 8-3 知 Y_2O_3 能够细化 WC 晶粒，使合金硬度升高。5 号与 6 号合金断裂韧性变化很小。

由图8-3可知，添加1.0% Cu也能细化硬质合金WC晶粒。首先，由于Co对WC的润湿角为0°，能对WC形成良好的润湿，而Cu对WC的润湿角约为20°~30°，因此添加Cu后会抑制WC在黏结相的溶解从而抑制WC的溶解析出过程；其次，WC的溶解析出过程主要依赖W和C原子在黏结相中的扩散，而W、C原子均不溶于Cu中，添加Cu后，Cu与Co会形成Co(Cu)固溶体，能够抑制W、C原子的扩散从而抑制WC的溶解析出过程。从表8-2可知，7号合金硬度和断裂韧性均低于5号合金，分析认为添加Cu后降低了黏结相与WC晶粒的结合强度，导致合金易变形，在宏观上表现为硬度降低，并且WC与Co(Cu)黏结相界面结合强度下降使裂纹更易扩展，韧性减小。

添加了1.0%的Mo和Mo_2C的8、9号合金WC晶粒尺寸更小，但同时出现少量孔隙，如图8-3d、e所示。有研究表明Mo与C在900℃时会发生反应生成Mo_2C，另外前期有学者研究了SPS烧结行为，指出在SPS模具与样品之间存有温度梯度，梯度差在50~150℃之间。因此在1250℃烧结时，样品会经历短时间的液相烧结过程，8号合金在烧结时生成的Mo_2C和9号添加的Mo_2C会优先于WC溶解进入Co黏结相中，抑制WC的溶解与析出，使WC晶粒得到细化。但是Mo溶入Co黏结相中会降低黏结相的流动性能，使合金孔隙更难被填充，致密度下降。此外，Mo还会分布于WC/Co界面，降低界面自由能，抑制WC向黏结相迁移，降低晶粒生长速率使WC晶粒生长减缓。由Hall-Petch关系可知8、9号合金的硬度随着晶粒尺寸的减小而增大。

8.3　添加剂含量的影响

从8.2小节的分析可以认为，相同质量分数的Mo对WC-6Co硬质合金的影响要大于其他添加剂的影响。因此，本小节通过添加不同质量分数的Mo，以期更系统地研究含量对合金组织性能的影响。

采用相同球磨、SPS制备工艺制备出添加了0、0.5%、1.0%、1.5%、2.0%和4.0%Mo的WC-6Co硬质合金，分别命名为5号、10号、11号、12号、13号和14号合金，研究Mo含量对合金组织与性能的影响。

图8-4为5号、11号、13号和14号合金的XRD检测图谱。从图8-4a可以看出合金主要以WC与fcc-Co两相组成。图8-4b为Co峰的放大图，可以看出添加了Mo元素后，Co的（111）峰向小角度方向轻微偏移，由布拉格方程可知这是由Co的晶格常数d增大引起的。分析认为Mo在烧结过程中溶入Co黏结相，使其晶格常数发生了变化。

表8-3为不同Mo含量硬质合金的成分配比及性能检测结果，图8-5为六组合金的微观组织。

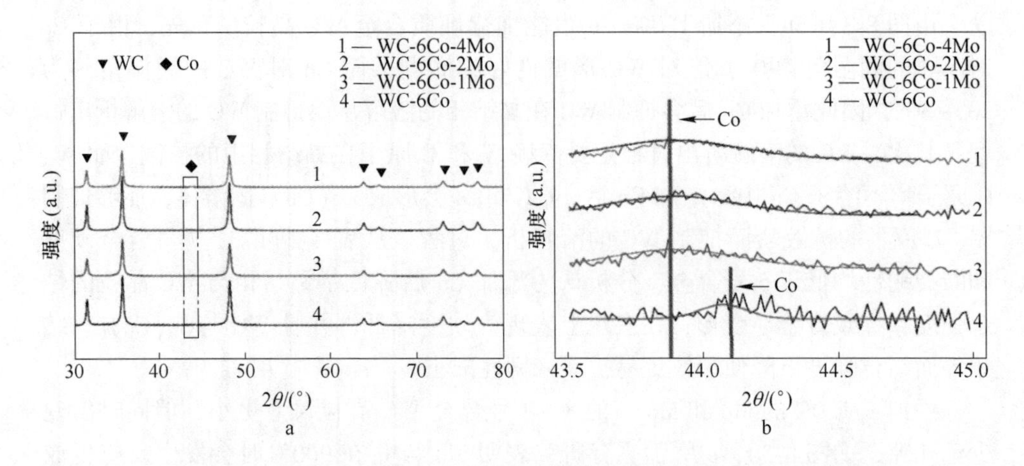

图 8-4　不同 Mo 含量硬质合金 XRD 图谱

表 8-3　不同 Mo 含量硬质合金性能检测结果

编号 \ 性能	Mo /%	相对密度 /%	HV30 /10^7Pa	W_k /MPa · $m^{1/2}$	M_s/%	H_c /kA · m^{-1}	d_{wc} /μm
5	0	99.12	2060	8.56	5.90	29.2	0.95
10	0.5	99.09	2053	8.60	5.89	28.9	0.93
11	1.0	98.96	2175	9.01	5.33	30.6	0.78
12	1.5	98.13	2072	7.93	5.11	30.9	0.70
13	2.0	97.74	1930	7.75	5.06	32.5	0.66
14	4.0	95.43	1618	5.90	4.97	32.6	0.63

从图 8-5 可以看出，未添加 Mo 的合金中有异常长大的 WC 晶粒，平均晶粒尺寸约为 0.95μm，晶粒尺寸分布较宽；添加 0.5%的 Mo 后合金与未添加的没有明显差别，仍可观察到少量异常长大的 WC 晶粒，如图 8-5b 箭头所示。当 Mo 的添加量为 1.0%时，WC 晶粒尺寸减小至 0.78μm，晶粒尺寸分布变窄；当 Mo 含量为 2.0%时，WC 晶粒尺寸为 0.66μm，继续增大合金中 Mo 的含量至 4.0%发现 WC 晶粒尺寸约为 0.63μm，与 2.0%含量的相差较小。由结果可知硬质合金 WC 晶粒尺寸随着 Mo 含量的增加而减小，当 Mo 含量超达 2.0%时 WC 晶粒尺寸变化很小。分析认为 Mo 与 C 在约 900℃时发生反应生成的 Mo_2C 会优于 WC 先溶于黏结相中，从而减小 WC 在黏结相的溶解量，抑制 WC 的溶解析出过程，使晶粒细化；另外 Mo 分布于 WC/Co 界面上可抑制 WC 的迁移，减小晶粒生长速率；随着添加剂含量的增加，溶于黏结相中的以及分布于 WC/Co 界面上的 Mo 含量也逐渐增加，因此抑晶效果更加明显。当 Mo 含量超过 2.0%时，黏结相中溶解的和

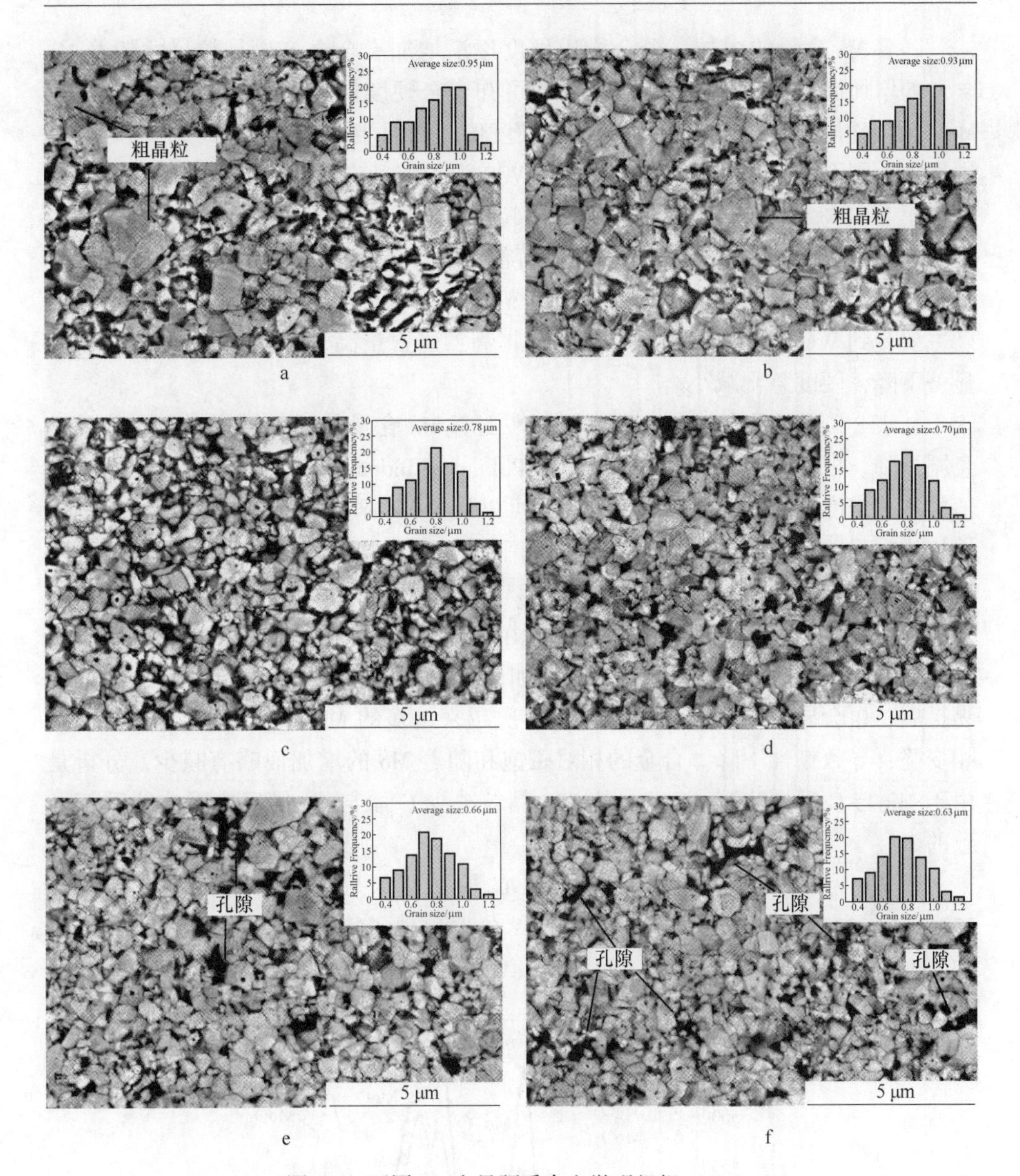

图 8-5 不同 Mo 含量硬质合金微观组织（%）

a—0；b—0.5；c—1.0；d—1.5；e—2.0；f—4.0

界面上的量已达到饱和，继续增加 Mo 含量对抑制晶粒长大的效果并不明显。从图 8-5 和表 8-3 可以看出，合金孔隙随着 Mo 含量的增加而增多、相对密度持续减小。分析认为硬质合金的致密化过程主要有颗粒重排、扩散和黏性流动，其中黏结流动对填充孔隙具有重要的影响。在烧结时，Mo 溶于黏结相降低其黏性流动能力，孔隙更难被填充，使合金密度下降。

随着 Mo 含量的增加，合金维氏硬度逐渐增加。合金 WC 晶粒尺寸随着 Mo 含量的增加而减小，由 Hall-Petch 关系可知合金硬度提高；此外 Co 黏结相由于 Mo 的溶解得到增强，也能提高合金的硬度值。然而当 Mo 含量达到 2.0%时合金硬度值急剧下降，Mo 含量为 4.0%时 HV30 为 1618，与未添加 Mo 的纯合金相比下降了 21.4%。合金硬度除了与 WC 晶粒尺寸有关以外，还与合金的密度有关，由表 8-3 可知当 Mo 含量超过 1.5%时，随着 Mo 含量的持续增加合金的致密度下降明显，因此硬度也随之下降。综合分析认为当 Mo 含量低于 1.5%时，合金硬度主要受到 WC 晶粒细化的增强作用而提高；当含量高于 1.5%时，合金致密度显著下降，硬度急剧减小。

从表 8-3 还可看出，合金的断裂韧性随着 Mo 含量的增加缓慢增大，随后又急剧下降。根据文献［9］可知，采用 Palmqvist indentation 方法计算得出的韧性值的不确定度约为±1.5MN/$m^{3/2}$，因此可以认为 Mo 添加量小于 2.0%时合金的韧性值均在误差范围内，说明合金韧性几乎不变。当 Mo 大于 2.0%时韧性值下降明显。分析认为随着 Mo 含量的增加 WC 晶粒尺寸减小，导致合金中的 Co 相平均自由程减小，当裂纹扩展时小的平均自由程吸收变形能力减弱，因此合金断裂韧性降低；其次合金致密度随着 Mo 的增加而下降，内部留下较多孔隙使裂纹更容易扩展，也会导致断裂韧性的下降；再次越来越多的 Mo 溶解于 Co 中，使黏结相变脆，导致韧性下降。合金的相对磁饱和随着 Mo 的增加而略有减少，分析是由于 Mo 与 C 反应生成 Mo_2C，使 WC 晶粒缺少 C 而与 Co 等反应形成脱碳相导致的。

图 8-6 为 14 号合金的 XPS Mo 3d 的检测结果。从图中可以看出分别在 228.6eV，231.5eV，232.1eV 和 235.5eV 位置出现了特征峰。其中位于 228.6eV 和 231.5eV 的峰对应于 Mo_2C，而 232.1eV 和 235.5eV 位置的峰对应于 MO_3。文

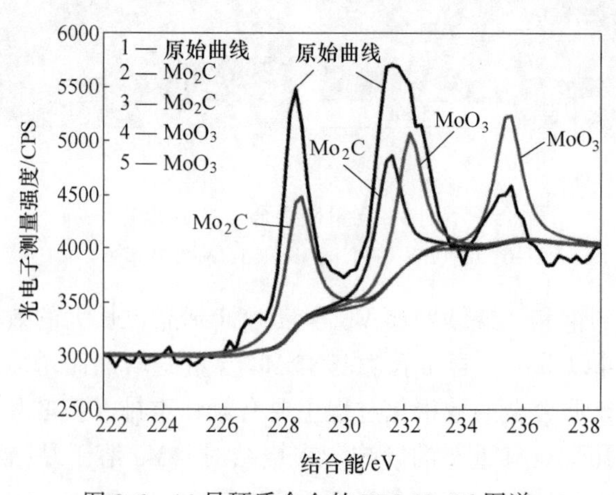

图 8-6　14 号硬质合金的 XPS Mo 3d 图谱

献［209］和［210］分析认为在烧结过程中 Mo 会与 C 反应生成 Mo_2C，并且随着冷却的进行 Mo_2C 被保留在合金中。14 号合金的 XPS 检测结果与文献［209］和［210］的一致。图 8-6 中还显示出了 MO_3 特征峰。分析认为由于 XPS 的检测深度仅为几个纳米，其对样品表面敏感，而 MO_3 是合金在磨、抛以及储存过程中发生氧化生成的。

图 8-7 为 14 号合金的 TEM 及 EDS 检测结果。图中具有几何形状的白色区域为 WC 晶粒，其晶粒尺寸较细且分布均匀；黑灰色为 Co 黏结相。图 8-7b 分别为在 WC 晶粒及 Co 黏结相处的 EDS 测量结果，可以看出黏结相的 Mo 含量远大于 WC 晶粒上的含量，说明 Mo 在合金中主要分布于黏结相中，能够对其起到强化作用。

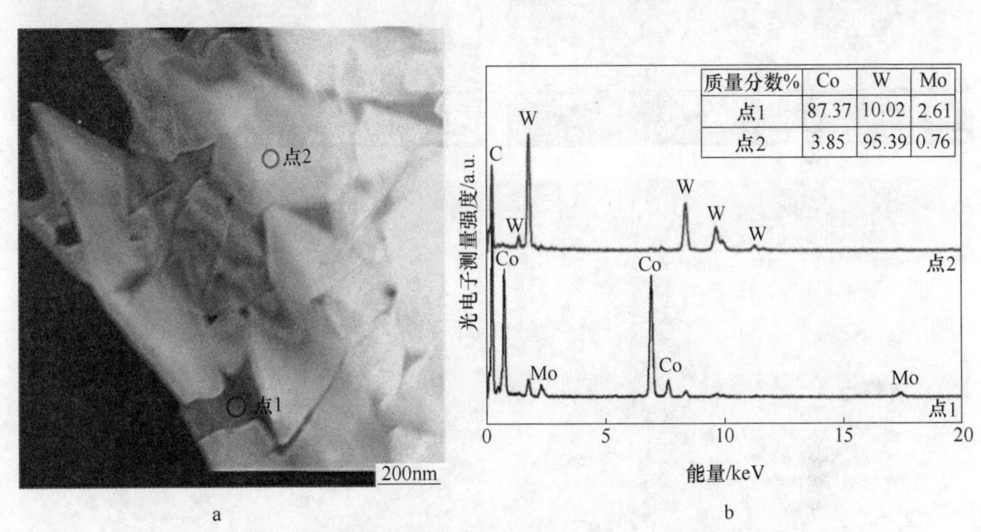

图 8-7 14 号硬质合金的 TEM 及 EDS 检测结果

a—明场像；b—EDS

图 8-8 为采用扫描电镜的 SE 模式观察四组硬质合金磨痕的形貌图。

从图 8-8 中可以看出四组合金的磨痕表面均有不同数量的孔隙，但由于 5 号和 11 号合金中孔隙较少，WC 受到 Co 相的黏结力作用更强，使磨痕表面较为平整，WC 脱落现象较少；而分别添加了 2.0%和 4.0%Mo 的 13 号和 14 号合金由于本身存在较多孔隙，WC 被 Co 相黏结的作用减弱，因此在磨损过程中 WC 颗粒易发生脱落现象，使磨痕表面产生大量凹坑。当合金与摩擦副接触并发生摩擦时，硬质合金表面由于摩擦生热使温度不断升高。有学者研究了合金表面温度随摩擦时间的变化认为当加载力为 100 N 时表面温度在 310~350℃之间，当加载力为 300 N 时表面温度在 430~500℃之间。在摩擦过程中，硬质合金同时受到几百度的高温作用以及摩擦副的挤压作用，使 Co 黏结相发生塑性变形并减弱对 WC

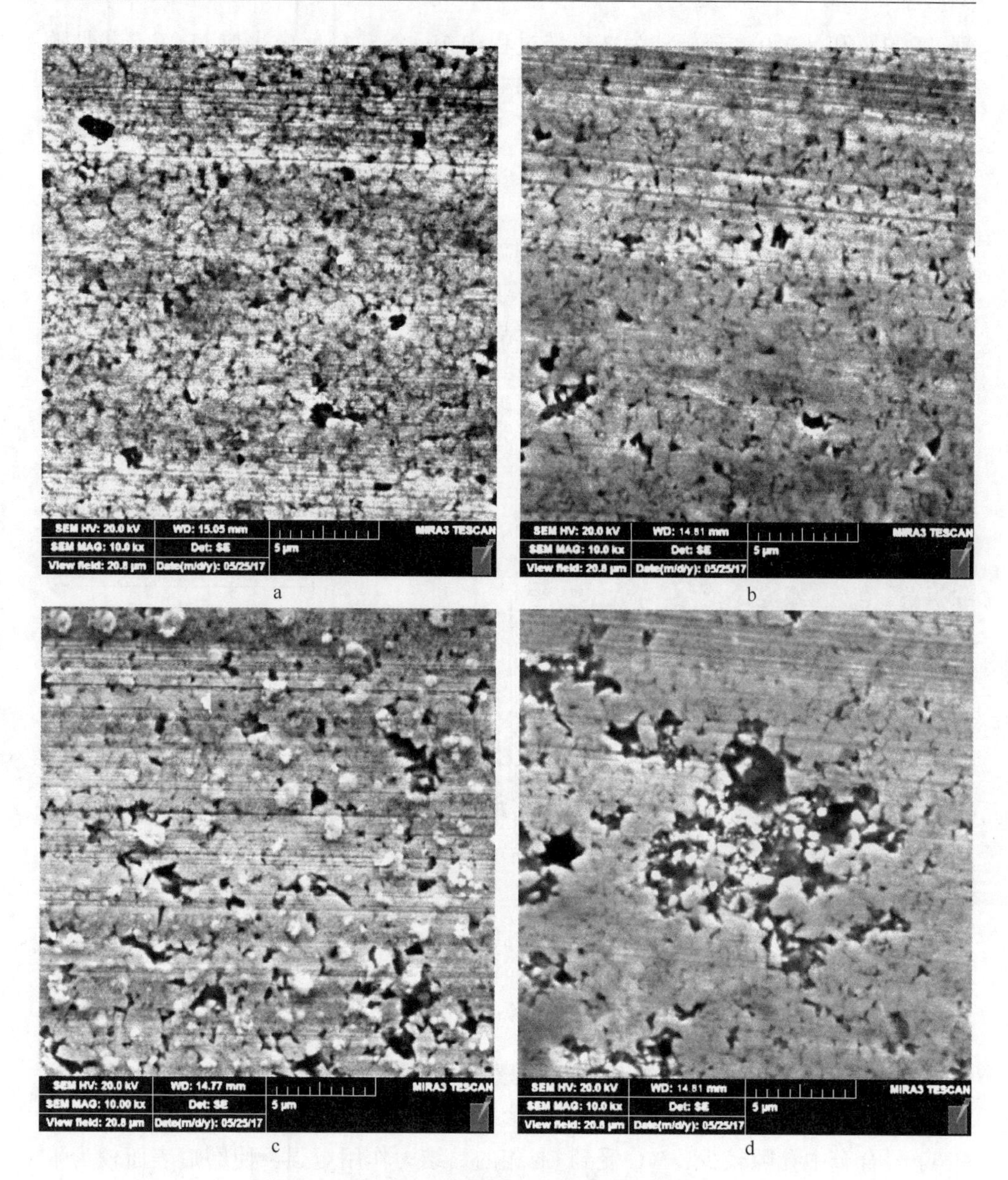

图 8-8　不同 Mo 含量硬质合金磨痕表面形貌（%）

a—0；b—1.0；c—2.0；d—4.0

晶粒的黏附作用，使原本稳定的 WC 骨架失去黏结而发生脱落，在磨痕表面形成孔隙，当合金自身孔隙较多时，WC 晶粒更易脱落形成较大甚至是成片的孔隙。

图 8-9 所示分别为 5 号、11 号、13 号和 14 号合金经磨损试验后，利用三维轮廓仪扫描出的磨痕形貌图。从图中可以看出四组合金在相同加载力和磨损时间

的作用下，磨痕的宽度分别为 1.2mm、0.8mm、0.9mm 和 1.1mm，磨痕的深度分别为 5.8μm、3.2μm、5.0μm 和 5.7μm。

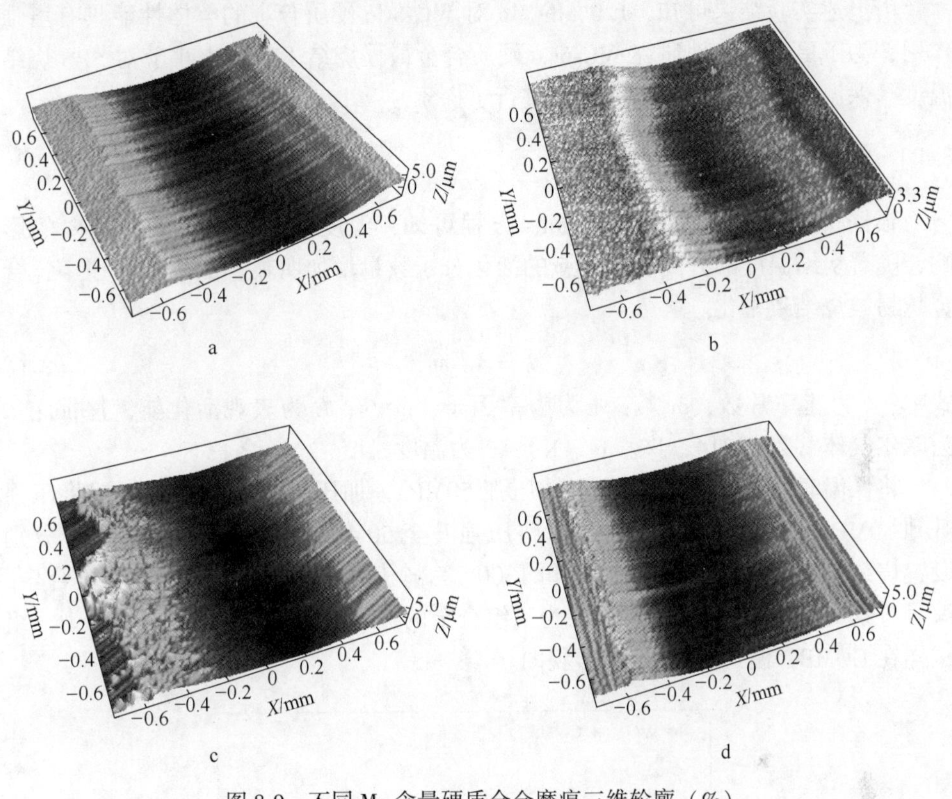

图 8-9 不同 Mo 含量硬质合金磨痕三维轮廓（%）

a—0；b—1.0；c—2.0；d—4.0

添加了 1.0% Mo 的 11 号合金的磨痕宽度最窄（约为 0.8mm）、深度最浅（3.2μm），说明合金的耐磨性最好。合金的耐磨性主要受到 Co 黏结相强度、合金硬度和致密度的影响，由表 8-3 可知合金硬度随着 Mo 含量的增加而提高，由此可知合金耐磨性也随之增强；而由图 8-7 可知 Mo 在合金中多通过溶解分布于 Co 黏结相中，能够对黏结相起到强化作用，合金耐磨性随之增强。当 Mo 含量达到 2.0%时，磨痕比 11 号合金的更大，但增大幅度较小；当 Mo 含量达到 4.0%时磨痕宽与深分别达到 1.1mm 和 5.7μm。可以认为当 Mo 含量超过 2.0%时合金的耐磨性又随着含量的增加而降低。分析认为当 Mo 含量达到 2.0%时，合金相对密度下降（97.74%），此时合金中存在较多孔隙，耐磨性下降。

通过实验结果及相关分析认为，Mo 的最佳含量为 1.0%，添加 1.0% 的 Mo 有利于细化 WC-6Co 硬质合金 WC 晶粒尺寸，提升合金硬度和耐磨性，同时合金的断裂韧性和相对密度与未添加 Mo 的相差较小。

8.4　SPS 工艺优化

由上述实验结果可知，1.0%的 Mo 对 WC-6Co 硬质合金的整体性能具有增强作用，为了更加系统地研究 WC-6Co 硬质合金最佳烧结工艺，本小节对 SPS 烧结温度、保温时间、加压方式等参数进行了探索。

8.4.1　烧结温度

根据式（8-1）所示的 Arrhenius 方程可知，温度对烧结过程有着重要的影响，随着烧结温度的升高烧结反应的活化分子数量增加明显，加快反应速率，合金越易被烧结致密化。

$$k = A\mathrm{e}^{-\frac{E}{RT}} \tag{8-1}$$

式中，k 为速率常数，m^2/s；A 为频率因子，m^2/s；E 为表观活化能，J/mol；R 为摩尔气体常数 8.314，J/(mol · K)；T 为温度，K。

将保温时间固定为 5min、烧结压强 50MPa，加压方式为：烧结初期将压强升到 30MPa，当温度升到 1100℃时将压强升至 50MPa 并保持至烧结完成。分别设置烧结温度为 1200℃、1250℃和 1300℃三个值并烧结制备出三组硬质合金，编号分别为 15、16、17。图 8-10 为三组合金的 XRD 衍射图，图 8-11 所示为三组试样在 COMPO 模式下的 SEM 形貌图。

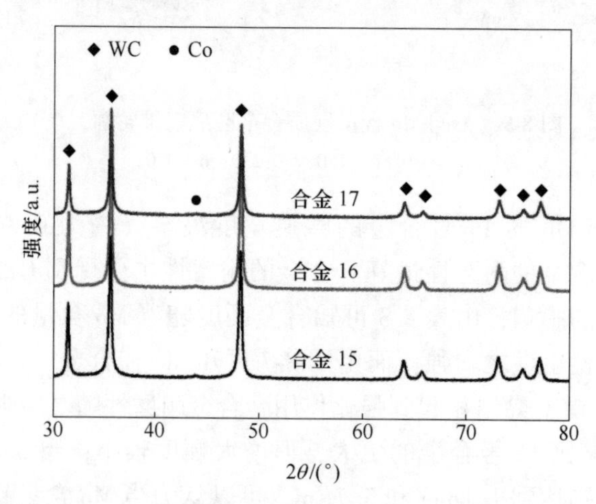

图 8-10　不同烧结温度制备的硬质合金 XRD 图谱

从图 8-10 中可以看出 XRD 图谱检测出了 WC 强峰和非常微弱的 Co 峰，两个物相的峰形、峰强等均无明显变化且未出现脱碳相，而可能出现的 Mo 和 Mo_2C 则未检测出来，分析认为是由于 Mo 含量太低且 WC 峰太强导致的。

采用线性截距法算出三组合金 WC 晶粒尺寸分别为 0.76μm、0.79μm 和

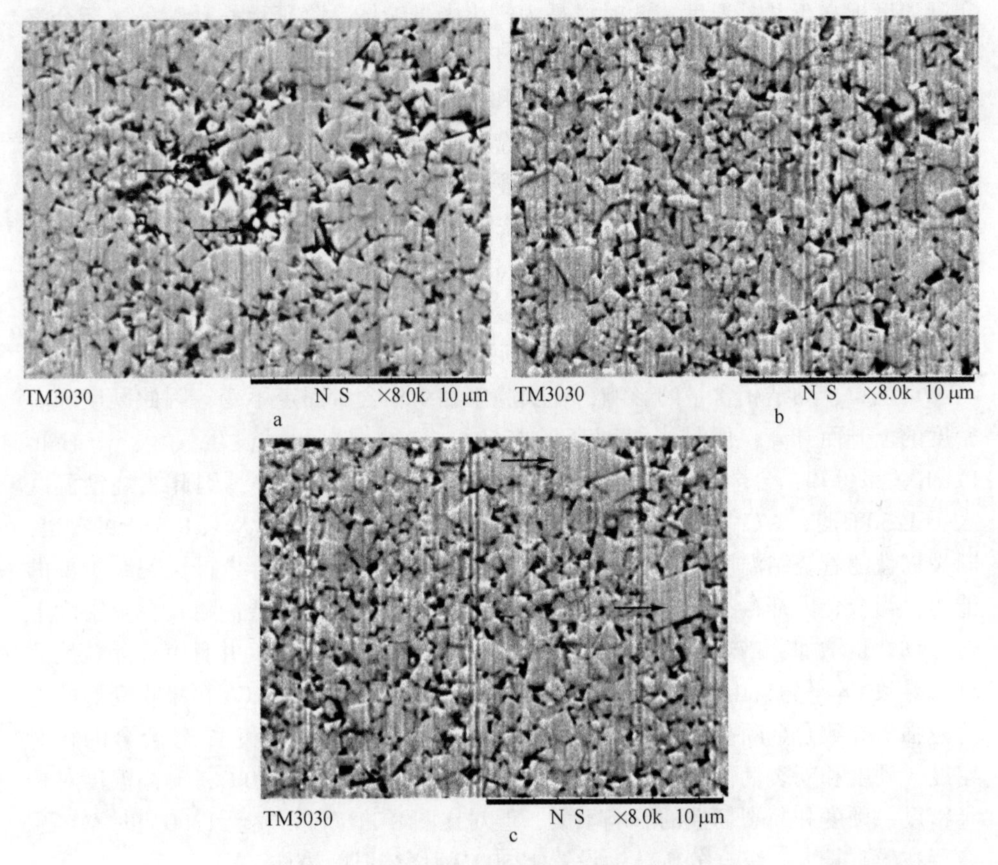

图 8-11　不同烧结温度制备的硬质合金微观形貌

a—1200℃；b—1250℃；c—1300℃

0.89μm，说明在相同烧结压力和保温时间作用下，烧结温度越高，合金 WC 晶粒尺寸越大。当 SPS 烧结温度为 1200℃，WC 晶粒尺寸最细，但合金有少量孔隙存在，如图 8-11a 箭头所示；当温度为 1300℃时，WC 晶粒尺寸最大且合金存在异常长大的 WC 晶粒，如图 8-11c 箭头所示；当烧结温度为 1250℃时，合金未观察到孔隙和异常长大晶粒。分析认为 WC-Co 硬质合金由 WC 颗粒与韧性较好的 Co 粉混合烧结制成，在传统的真空或压力烧结过程中为了能尽量消除孔隙，温度应保持在 1320℃的共晶温度以上，使 Co 熔化为液相，填充孔隙完成致密化过程。在本书的实验中，当温度为 1200℃时，未达到共晶温度点，此时可将烧结体看作固相烧结，致密化行为主要受联结、扩散控制，致密化进展缓慢，因此制备的合金存在较多孔隙；另有研究表明 SPS 烧结时测量温度一般比样品实际温度低 50~150℃，当烧结温度在 1250℃时，样品实际已达到共晶温度，Co 相熔化产生液相并填充孔隙，使合金的致密化程度大幅提高；当烧结温度为 1300℃时，样品实际温度远高于共晶温度，此时样品内产生大量液体，除了填充孔隙外，还会溶解大量细小的 WC 颗粒并析出于大颗粒上，产生 Ostwald 熟化现象，使 WC 晶粒发生异常长大。由试验可知当烧结压力和保温时间为固定值时，设置 1250℃的烧结温度，可获得微观组织最为理想的合金。

表 8-4 所示为三组合金相对密度、维氏硬度和断裂韧性随不同烧结温度的变化结果。从表 8-4 可以看出合金的相对密度随着烧结温度的升高而增加。当烧结温度为 1200℃时，以固相烧结为主，合金内部仍然有较多孔隙存在，如图 8-11a 所示，导致合金密度降低，随着烧结温度的上升，孔隙被填充，使密度升高。

随着温度的升高，维氏硬度先升高而后略有下降。分析认为硬度主要受密度与 WC 晶粒、黏结相含量的影响，在实验中黏结相含量固定不变，因此硬度随着密度的上升而升高；但是当温度高于 1250℃，WC 晶粒尺寸发生长大，由 Hall-Petch 关系可知，合金硬度还随着 WC 晶粒尺寸的增大而减小，因此当烧结温度大于 1250℃时，WC 晶粒发生异常长大，降低合金硬度[205]。从表 8-5 还可看出，断裂韧性随着烧结温度的增加而升高。合金的断裂韧性是指合金抵抗裂纹扩展的能力，当合金内部存有孔隙时，裂纹扩展阻力小，断裂韧性低；随着合金密度上升，韧性也增加，当烧结温度为 1300℃时，合金致密度最大，并且 WC 晶粒尺寸增大导致 Co 平均自由程增大，裂纹扩展时平均自由程越大的 Co 相吸收变形的能力越强，导致合金断裂韧性增大。从表 8-4 还可看出，16 号和 17 号合金的相对密度、硬度和断裂韧性值较为接近，说明当烧结温度大于 1250℃，升高温度对合金密度、硬度和断裂韧性的影响不大，但对比图 8-11b 和 c 发现 1300℃时 WC 晶粒存在异常长大，综合分析认为设置 1250℃的烧结温度最佳。

表 8-4　不同烧结温度制备的合金性能

样品	烧伤温度/℃	相对密度/%	HV30 /10^7Pa	W_k /MPa · $m^{-1/2}$
15	1200	97.50	1882	8.93
16	1250	99.01	2090	9.66
17	1300	99.04	2026	9.93

8.4.2　保温时间

将烧结温度固定为 1250℃、烧结压强 50MPa，加压方式为：烧结初期将压强升到 30MPa，当温度升到 1100℃时将压强升至 50MPa 并保持至烧结完成。设置保温时间为 1min 和 10min 烧结制备了两组硬质合金，分别编为 18 号、19 号，并与保温时间为 5min 的 16 号合金进行比较。

图 8-12 为 18 号、19 号合金在 COMPO 模式下的 SEM 图。将图 8-12 与图

8-11b进行比较发现，当保温时间为 1min 时，合金存有少量孔隙，烧结不完全，如图 8-12a 所示；保温时间为 5min 和 10min 的合金无明显区别，说明保温 5min 后，继续延长保温时间至 10min 对合金微观组织的影响较小，考虑到节能与制备效率，认为保温时间设置为 5min 时，可制备出组织均匀的硬质合金。

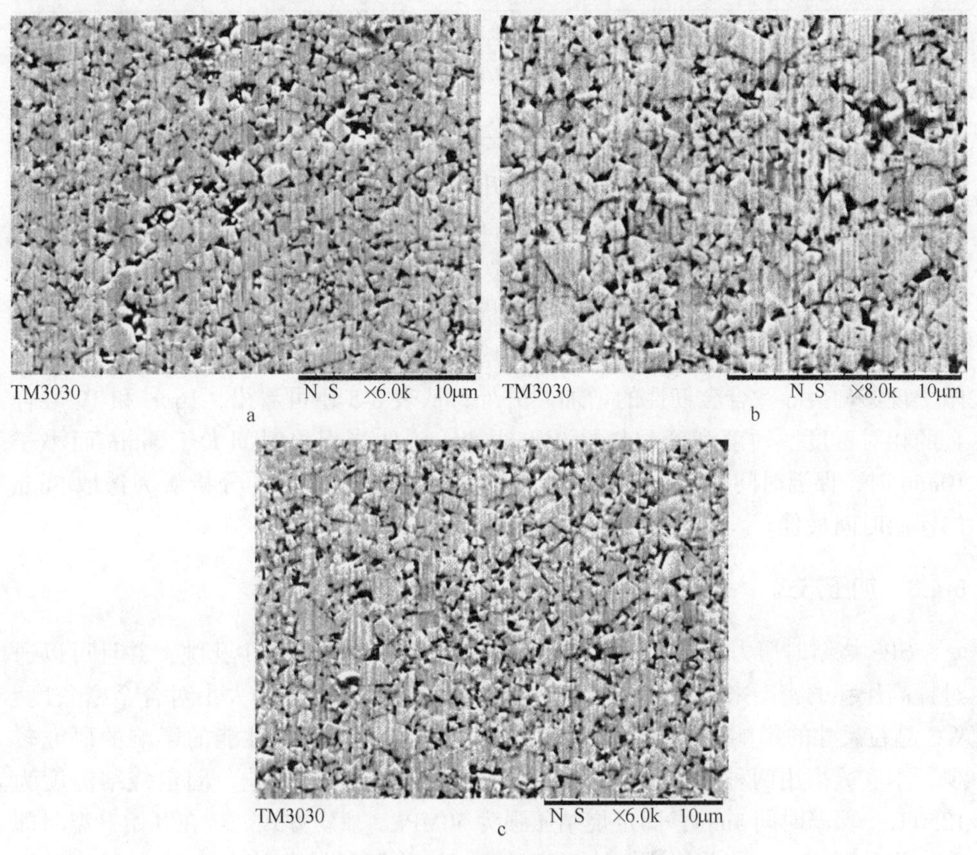

图 8-12　不同保温时间制备的硬质合金微观形貌

a—1min；b—5min；c—10min

烧结温度为 1250℃时，烧结体内产生少量液相，其能够通过流动迁移填充孔隙，使合金密度上升。当保温时间为 1min 时保温时间太短，液相黏结相还未对孔隙进行填充就已冷却，导致烧结后合金内部存有孔隙；随着保温时间延长至 5min，液相黏结相能够较好地填充孔隙，致密度提高；当保温时间进一步延长，液相能够更加充分地填充孔隙，但是液相存在时间过长易使 WC 晶粒发生溶解析出，使 WC 长大。

表 8-5 为不同保温时间制备的合金相对密度、维氏硬度和断裂韧性的检测结果。可以看出合金相对密度随着保温时间的延长而增加，但是可以发现当保温时间大于 5min 后相对密度变化较小，说明液相可在约 5min 的保温时间内通过毛细

管力及烧结压力的作用下将烧结体内孔隙填充[228]。

表 8-5　不同保温时间制备的合金性能

样本	保温时间 /min	相对密度 /%	HV30 /10^7Pa	W_k /MPa · $m^{-1/2}$
18	1	97.33	1830	8.59
16	5	99.01	2090	9.66
19	10	99.10	2074	9.73

合金硬度随着保温时间的延长先上升然后略有下降，但变化幅度很小，可以认为是在误差范围内。分析认为保温时间增长使孔隙被填充，合金致密度提高，硬度升高。从表 8-5 还可看出，合金断裂韧性随着保温时间的延长持续升高。在1250℃烧结时，烧结试样出现液相并不断填充合金，使其致密度提高；同时 WC 会发生溶解析出现象使 WC 晶粒长大，增加 Co 相平均自由程，烧结时发生的这两个现象均会导致合金韧性的增加。另外，从表 8-5 还可看出，16 号和 19 号合金的相对密度、硬度和断裂韧性相差很小，说明当保温时间大于 5min 而小于10min 时，保温时间对合金性能的影响较小，结合图 8-12 的分析认为选取 5min的保温时间最佳。

8.4.3　加压方式

SPS 烧结时压力的主要作用在于促进粉末颗粒重排、减少孔隙，并且可以通过提高压坯的密度来增加烧结驱动力，众多学者研究了压力大小对合金密致度、WC 晶粒尺寸的影响，但关于压力施加方式对合金组织与性能的影响的研究较少。本实验采用两种加压方式，研究不同方式对合金的影响。固定烧结温度为1250℃、保温时间 5min，固定烧结压强为 50MPa，加压方式一：在开始升温时即将压强升到 50MPa，并将此保持至烧结完成，将制备的合金编号为 20 号；加压方式二：在开始升温时将压强升到 30MPa，当烧结温度升至 1100℃时再将压强升至 50MPa，并保持至烧结完成，即 16 号合金。

图 8-13 为两种加压方式制备的硬质合金的微观形貌图。

从图中可以看出，20 号合金中存在少量孔隙，但孔隙尺寸较小且分布较为均匀，16 号合金中无明显孔隙。分析认为当粉末在低温下就受到最大压强作用时，粉末之间由于“拱桥效应”易通过颗粒重排发生移动形成闭孔隙，随着烧结温度的升高粉末之间过早地形成闭孔隙，内部气体无法逸出，导致压强升高并阻止黏结相向孔隙内部迁移，在高温高压作用下孔隙尺寸会逐渐减小但不会消失，因此在合金中留下尺寸较小分布均匀的微细孔隙；当在较低温度下施加30MPa，粉末也会发生重排并形成内部孔隙，由于压强较小因此孔隙周围的粉末

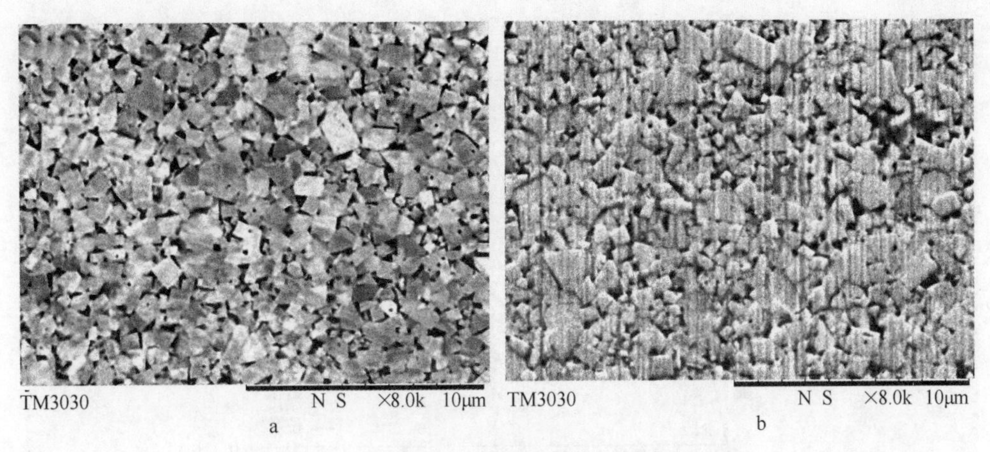

图 8-13 不同加压方式制备的硬质合金微观形貌

a—方式 1；b—方式 2

颗粒结合不紧密，随着温度升高至 1100℃时 Co 相会发生轻微熔融，其在毛细管力及压力的作用下向孔隙内迁移填充，此时再增加压强至 50MPa 以进一步促进压坯致密化，最大限度地减少闭孔隙数量，提高合金密度。

表 8-7 为两种方式制备的硬质合金性能结果。从表中可以看出方式一的合金相对密度、硬度与断裂韧性均比方式二的更小。分析认为方式一制备的合金中存在较多微细孔隙，导致合金密度下降；由前面分析可知合金密度下降使合金在压力作用下更易变形，使硬度下降；另外方式一制备的合金中存在的微细孔隙会成为裂纹源及裂纹扩展通道，降低合金抵抗裂纹传播的能力，使合金断裂韧性减小。

表 8-7 不同加压方式制备的合金性能

样品	加热方式	相对密度/%	HV30 /10^7 Pa	W_k ($MPa \cdot m^{-1/2}$)
16	2	99.01	2090	9.66
20	1	98.43	1904	8.11

由上述分析可知，当烧结温度为 1250℃、保温时间 5min，固定烧结压强为 50MPa 采用如下加压方式：在开始升温时将压强升到 30MPa，当烧结温度升至 1100℃时再将压强升至 50MPa 并保持至烧结完成的工艺制备的硬质合金，具有较好的微观组织和力学性能。

8.4.4 SPS 致密化过程

图 8-14 所示为 SPS 最佳烧结工艺的温度曲线以及在烧结过程中实测的压头位移曲线。

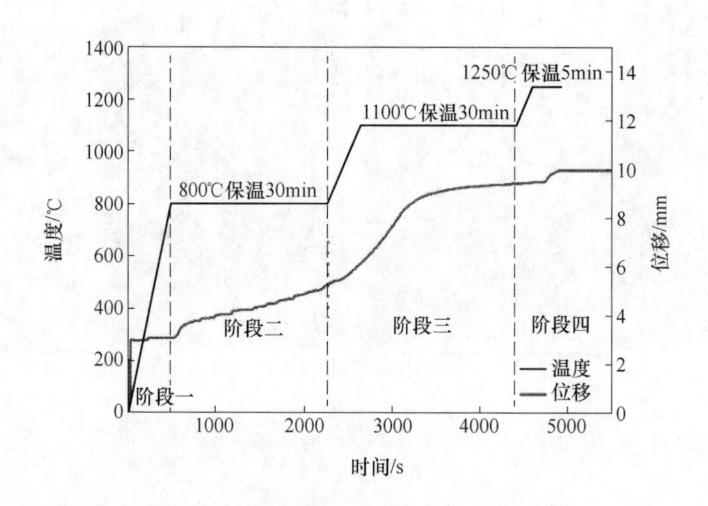

图 8-14　SPS 温度及压头位移曲线

从图中可以看出，随着温度的升高压头位移不断增大，说明样品尺寸不断收缩变小。样品的烧结致密化行为可简单分为四个阶段。

阶段一：当温度低于 800℃时，粉末样品受热使气体逸出，样品体积发生膨胀，但由于还受到压力的作用使整个样品尺寸基本不变，如图 8-14 所示的阶段一区域，压头位移量很小（约为 0. 10mm）。

阶段二：在 800℃保温阶段，随着保温时间的延长，样品逐渐收缩，压头位移量不断变大，从开始保温至 30min，位移量增大了约 2. 22mm，此时样品中的气体已经被排出干净，粉末发生重排、破碎等过程，孔隙被大幅压缩。

阶段三：从 800℃升温到 1100℃，保温结束阶段。此时粉末受到较高温度的作用，压强增大到 50MPa。粉末继续发生重排、破碎，且由于温度较高使细颗粒 Co 粉末表面发生熔融、原子扩散，在 WC 晶粒周围形成 Co 薄层并把 WC 颗粒包覆起来，使粉末颗粒之间被相互黏结起来，增加粉末间的接触程度。此阶段压头的位移量约为 4. 14mm。

阶段四：升温至 1250℃并保温烧结阶段。此时烧结压强为 50MPa，温度到达烧结最高温度值，Co 发生熔融，在毛细管力的作用下向 WC 颗粒中间、前期形成的孔隙内部迁移，继续填充粉末中的孔隙使样品致密度增大；同时液相 Co 黏结相的塑性流动能力增强，使 WC 颗粒不断相互靠拢，使样品不断收缩[230]。但由于前阶段已经使样品发生了巨大收缩，并且形成了一些无法被压缩的闭孔隙，因此该阶段的收缩量有限；此外该阶段时间短，液相填充孔隙的时间较短。从图 8-16 可以看出压头的位移量约为 0. 30mm。

8.5 本章小结

本章采用SPS技术制备了WC-6Co硬质合金，介绍了不同的WC-6Co复合粉原料对硬质合金组织与性能的影响，以及不同种类的添加剂和添加剂含量对合金组织性能的影响。最后对SPS制备WC-6Co硬质合金的烧结工艺进行了优化，并分析了SPS的致密化过程：

（1）以煅烧后原位合成的球形WC-6Co复合粉、球形粉经球磨后制备的分散型WC-6Co复合粉为原料制备的硬质合金中存在较多孔隙，WC-6Co硬质合金密度仅为14.21~14.30g/cm^3；而以煅烧后的氧化物，经短时球磨，再原位合成的WC-6Co复合粉为原料制备的合金密度更高（14.77g/cm^3），与传统WC+Co湿磨后制备的合金相比密度相当，但前者微观组织更加均匀、硬度更高。

（2）添加1.0%Y_2O_3、Cu和Mo_2C使硬质合金的WC晶粒尺寸小幅降低，同时Cu会降低合金的相对密度；添加1.0%Mo能够有效抑制WC晶粒的长大，同时提高合金的维氏硬度，但是通过观察微观组织发现合金中出现少量微细孔隙。综合分析认为Mo元素能够有效抑制WC晶粒长大，提高合金的综合性能。

（3）随着Mo含量的增加，WC晶粒尺寸不断减小、合金维氏硬度增大、耐磨性能增强；当Mo含量大于2.0%时，合金出现大量孔隙，降低相对密度、硬度、断裂韧性等性能；WC晶形随着Mo含量的增加由三角形、多边形转变成近圆形。综合分析认为Mo含量约为1.0%时合金晶粒尺寸较细，硬度和耐磨性得到提升，同时断裂韧性和相对密度与未添加Mo的相差较小。

（4）SPS烧结温度对合金的影响最大，采用1250℃烧结时合金微观组织均匀，综合性能较好，温度太低则合金出现孔隙，温度太高则WC晶粒发生异常长大；保温时间越短，合金孔隙越多，保温时间延长至5min合金微观组织无明显变化。综合分析可知烧结温度为1250℃、保温时间为5min，在开始升温时将压强升到30MPa，当烧结温度升至1100℃时再将压强升至50MPa并保持至烧结完成的工艺制备的硬质合金，具有较好的微观组织和力学性能。

（5）SPS的致密化过程大致可分为四个阶段：气体受热逸出阶段、粉末颗粒重排收缩阶段、Co初步熔融形成薄层包覆在WC颗粒表面使粉末颗粒相互黏结的阶段、液相烧结使孔隙填充，粉末颗粒不断靠拢收缩阶段。

9 WC-Co 硬质合金电化学腐蚀行为

本章主要介绍了 WC 平均晶粒尺寸小于 1.0μm 的 WC-Co 硬质合金在腐蚀溶液中的电化学腐蚀行为，分析了合金组织结构、添加剂种类及含量对电化学腐蚀行为的影响与机理，对合金在不同 pH 值溶液中的腐蚀过程进行了分析。

9.1 WC、Co 合金的电化学腐蚀

为了更好地研究 WC-Co 硬质合金在不同溶液中的电化学腐蚀行为，首先研究了纯 WC 合金、纯 Co 合金和添加了 10%WC 的 Co 合金在不同溶液中的电化学腐蚀行为。

9.1.1 WC 合金

以图 8-1c 所示的 WC 粉为原料，经三辊球磨 48h 后干燥得到超细晶 WC 粉末，球料比为 10∶1、球磨转速 100r/min；再将粉末置于直径为 20mm 的石墨模具中，采用 SPS 以 100℃/min 的升温速率将粉末加热至 1800℃保温 10min，烧结压强保持为 50MPa，制备得到无黏结相的 WC 合金。图 9-1 所示为无黏结相的纯 WC 合金的显微组织。从图中可以看出，WC 晶粒尺寸约为 0.84μm，合金中存在少量孔隙。与图 8-2c 对比可知，以相同的 WC 为原料制备的纯 WC 合金的晶粒尺寸比 WC-6Co 合金的更细，分析认为无黏结相合金 WC 的晶粒长大主要依赖于 WC 晶粒的黏结和扩散，由于 SPS 具有快速升温、快速烧结的特征，因此无黏结

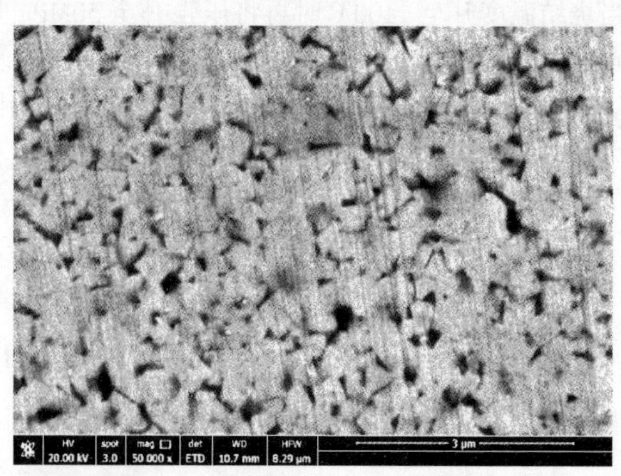

图 9-1 无黏结相 WC 合金微观组织

相合金的 WC 来不及扩散就已完成了烧结过程，使 WC 晶粒较细；而 WC-6Co 合金中 WC 除了发生黏结和扩散长大之外，还通过 WC 晶粒在 Co 相中的溶解与析出过程发生快速长大，因此 WC-6Co 合金的 WC 晶粒尺寸更大。

图 9-2 为纯 WC 合金分别在 0.1mol/L 的 HCl 和 NaOH 溶液中的电化学腐蚀极化曲线。表 9-1 为采用电化学工作站自带的分析软件对电化学腐蚀结果进行分析得到的相关数据。由图 9-2 和表 9-1 可知，纯 WC 合金在 0.1mol/L 的 HCl 溶液中的自腐蚀电位（vs SCE）比在相同浓度 NaOH 溶液中的更高（分别为-0.013V 和-0.413V），而在 HCl 和 NaOH 溶液中的腐蚀电流密度值分别为 2.45μA/cm^2 和 2.74μA/cm^2，两种溶液的腐蚀电流密度相差较小。由结果分析可知相比于 NaOH 溶液，纯 WC 合金在 HCl 溶液中具有更强的耐腐蚀性能。从图中还可看出，纯 WC 合金在 HCl 溶液中腐蚀时有轻微的类似于伪钝化的现象，如图 9-2 中箭头所指的平缓曲线。出现平缓曲线的原因在于 WC 在 HCl 溶液中腐蚀时表面形成了 W 的氧化物薄膜，在一定程度上抑制了电流的传输；随着电位的持续上升，氧化物薄膜被击穿，电流密度随之急剧上升。

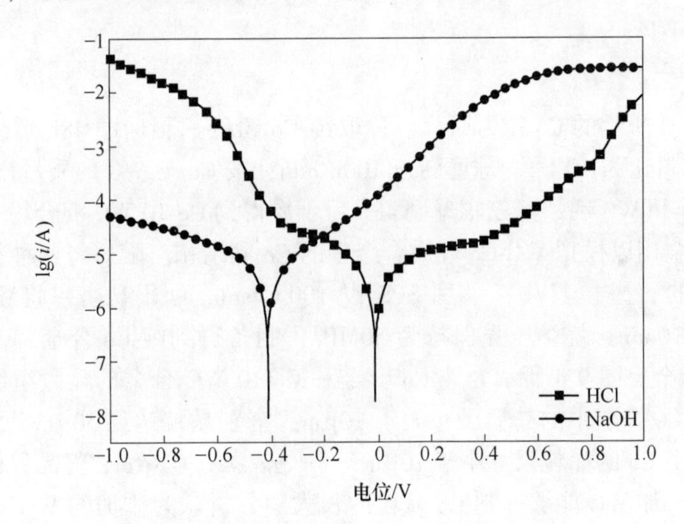

图 9-2 无黏结相 WC 合金在 HCl 和 NaOH 溶液中腐蚀的极化曲线

表 9-1 无黏结相 WC 合金在不同溶液的电化学腐蚀参数

溶液	R_{ct}/Ω · cm^2	E_{corr}/mV	i_{corr}/μA · cm^{-2}
HCl	207400	−13	2.45
NaOH	49570	−413	2.74

纯 WC 合金在两种溶液中的阻抗谱图（Nyquist）如图 9-3 所示。从图 9-3 可以看出纯 WC 合金在两种溶液中均只出现了高频容抗弧一个时间常数，未发现低频感抗弧。采用 ZsimpWin 软件，选用 Randles 等效电路对阻抗谱进行拟合后发现

合金在 HCl 溶液中的阻抗值 Rt（电荷传递电阻）为 207400Ω · cm^2，与合金在 NaOH 溶液的阻抗值（49570Ω · cm^2）相比提高了 3.18 倍。说明纯 WC 合金在 HCl 溶液中的耐腐蚀性能要明显高于 NaOH 溶液。

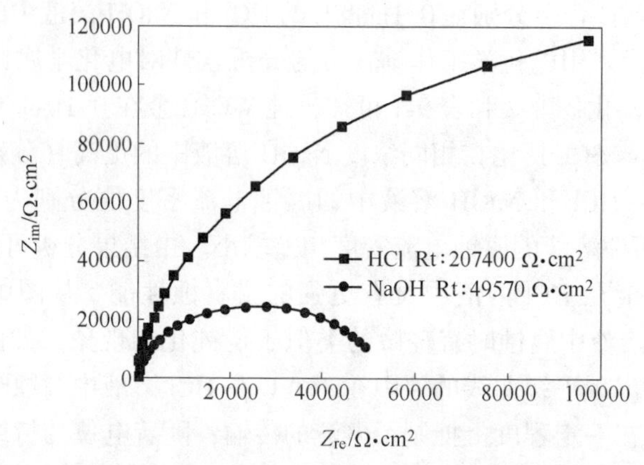

图 9-3　无黏结相 WC 合金在 HCl 和 NaOH 溶液中的阻抗图（Nyquist）

9.1.2　Co 合金

以图 8-1d 所示的 Co 粉为原料，称取纯 Co 粉经三辊球磨 48h 后干燥得到纯 Co 粉末，球料比为 10 : 1、球磨转速 100r/min；按 Co 与 WC 的质量比为 9 : 1 的比例称取 Co 和 WC 粉，经三辊球磨 48h 后干燥得到 Co-10 WC 混合粉末，混合粉末制备的合金用以模拟 WC-Co 硬质合金中的 Co 黏结相。随后将两种粉末置于直径为 20mm 的石墨模具中，采用 SPS 以 100℃/min 的升温速率将粉末加热至 1100℃保温 10min，烧结压强保持为 50MPa，制备得到纯 Co 合金和 WC 含量为 10%的 Co 合金。图 9-4 所示为纯 Co 合金和 Co-10 WC 合金的显微组织。从图中可以看出纯 Co 合金中的晶粒尺寸大于 10μm，个别晶粒达到 30μm 以上，而 Co-10 WC 合金中 Co 的晶粒尺寸小于 10μm，平均晶粒约为 8μm，但晶界处存在较多孔隙。说明添加 WC 能够抑制 Co 晶粒的长大。分析认为添加的 WC 除了会溶解于 Co 相中之外，还会分散于 Co 晶界上，对 Co 晶界的迁移合并起到扎钉阻碍作用，从而抑制 Co 晶粒的长大。另外从图 9-4b 还可看到有未溶解于 Co 相的 WC 颗粒团聚体，如图中箭头所示。

图 9-5 为纯 Co 和 Co-10 WC 合金分别在 0.1mol/L 的 HCl 和 NaOH 溶液中的电化学腐蚀极化曲线图。表 9-2 为分析电化学腐蚀结果曲线得到的数据。由图 9-5 和表 9-2 可知纯 Co 和 Co-10 WC 合金在 0.1mol/L 的 HCl 溶液中的自腐蚀电位分别为−0.324V 和−0.311V，电位差别较小；而两组合金的腐蚀电流密度分别为 4.43μA/cm^2和 1.67μA/cm^2。由结果分析可知相比于纯 Co 合金，添加了质量分数为 10%WC 的 Co-10 WC 合金耐腐蚀性能更好，在相同浓度的 HCl 溶液中其腐

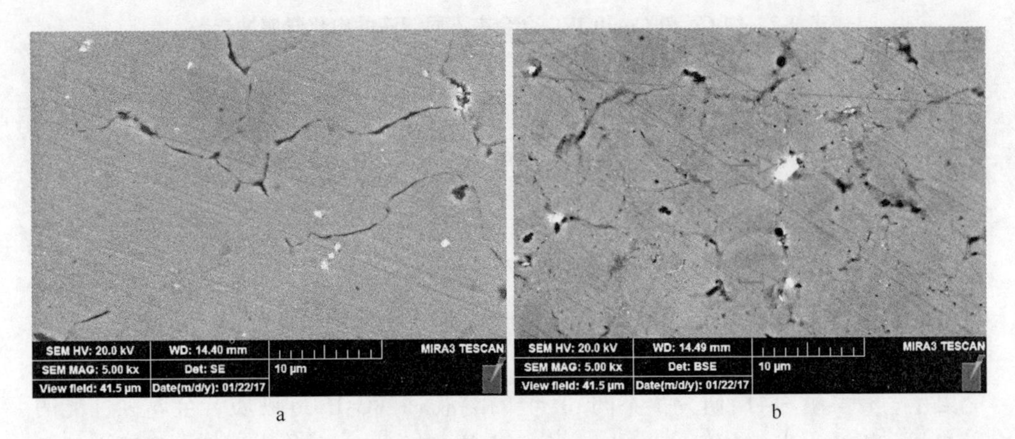

图 9-4 纯 Co 合金的微观组织

蚀电流密度仅为纯 Co 合金的 37.70%。Co 和 WC 的标准还原电极如下所示[139]：

$$CO^{2+} + 2e = CO \tag{9-1}$$

$$WC + 6H_2O - 10e = WO_4^{2-} + CO_2 + 12H^+ \tag{9-2}$$

式（9-1）和式（9-2）的标准还原电极电位分别为-0.28V 和 0.24V(vs SHE)，标准还原电位越小，则说明元素失去电子的趋势越大，因此分析认为相对于 WC，Co 在酸性条件下更易发生溶解，因此纯 Co 合金更易发生腐蚀反应形成离子溶解入溶液中，当合金中添加了 WC 后，合金表面会形成含 W 氧化膜，抑制电荷的传递从而在一定程度上提高了合金的耐腐蚀性能。从图 9-5a 还可看出，当电位值约大于 0 V 时，Co-10 WC 合金的腐蚀电流密度均小于纯 Co 合金的密度，且随着电位的增加两个数据的差值越大，说明 Co-10 WC 合金表面的 W 氧化膜能够一直产生抑制电荷传递的作用，持续增强合金的耐腐蚀性能。

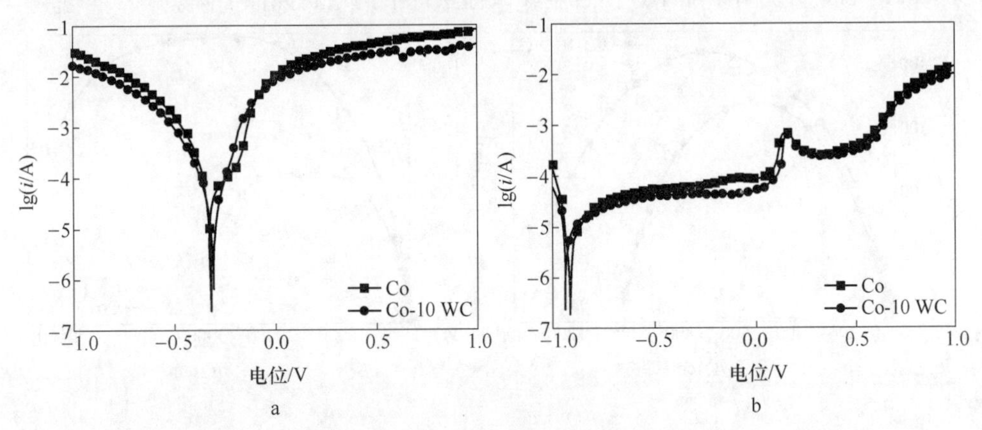

图 9-5 纯 Co 和 Co-10 WC 合金在 0.1mol/L 溶液中的腐蚀极化曲线

a—HCl；b—NaOH

表 9-2　纯 Co 和 Co-10 WC 合金在不同溶液的电化学腐蚀参数

合金	$R_{ct}/\Omega \cdot cm^2$		E_{corr}/mV		$i_{corr}/\mu A \cdot cm^{-2}$	
	HCl	NaOH	HCl	NaOH	HCl	NaOH
纯 Co	425	38960	−324	−917	4. 43	1. 67
Co-10	461	19360	−311	−932	1. 67	3. 68

两组合金的自腐蚀电位分别为−0. 917V 和−0. 932V，电位差别较小；腐蚀电流密度分别为 1. 67μA/cm²和 3. 68μA/cm²。由结果可知相比于纯 Co 合金，添加了质量分数为 10%WC 的 Co-10 WC 合金在 0. 1mol/L 的 NaOH 溶液中的耐腐蚀性能更差。有文献[141]研究了不同 pH 值的溶液对 WC-15Co 硬质合金腐蚀性能的影响，分析认为当 pH 值大于 9 时，合金中的 WC 会比 Co 优先溶解，说明在此条件下 Co 比 WC 更加稳定。因此，添加了 10%WC 的 Co-10 WC 合金在 0. 1mol/L 的 NaOH 溶液中的耐腐蚀性能比纯 Co 合金的更差；此外添加 WC 后使 Co 晶粒变细，Co/Co 和 Co/WC 晶界数量增加且界面处的孔隙增加，相当于增加了合金与腐蚀溶液的接触面积，导致合金耐腐蚀性变差。两组合金在碱性条件下的极化曲线均出现了一个钝化区，如图 9-5b 箭头所示，这是由于 Co 在碱性溶液中反应生成 $Co(OH)_2$ 导致的。

图 9-6 为纯 Co 和 Co-10 WC 合金分别在 0. 1mol/L 的 HCl 和 NaOH 溶液中的阻抗谱图。从图中可以看出，两组分别在两种溶液中的阻抗图均只出现了高频容抗弧。在 HCl 溶液中，两组合金的耐腐蚀性相差较小，这是因为 Co 在酸性条件下易发生腐蚀，添加 WC 后能使合金的耐腐蚀性能略有提升但提升幅度不明显；在 NaOH 溶液中添加 WC 后的合金的 R_t 为 19360Ω · cm²，而纯 Co 合金的 R_t 为 38960Ω · cm²。说明添加 WC 使合金在碱性条件下的耐腐蚀性下降。

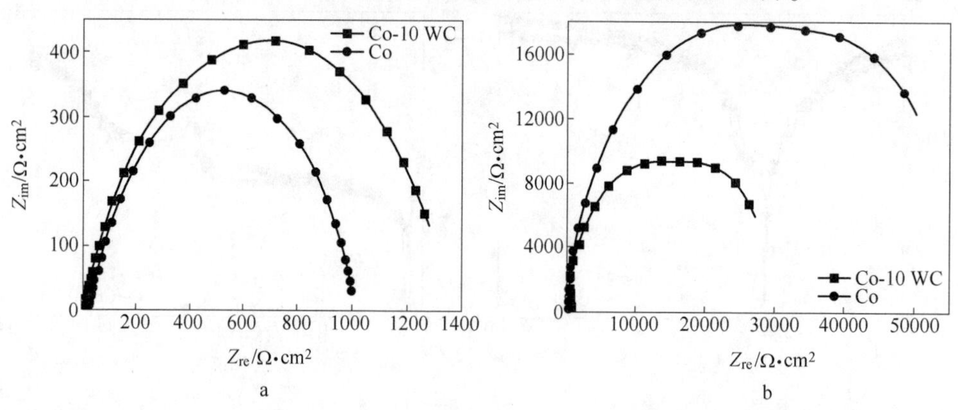

图 9-6　纯 Co 和 Co-10 WC 合金在 0. 1mol/L 的溶液中的阻抗图

a—HCl；b—NaOH

9.2 WC 晶粒尺寸对合金腐蚀性能的影响

由第 1 章的文献分析可知，目前针对 WC-Co 硬质合金腐蚀性能的研究多集中在 WC 晶粒尺寸大于 1.0μm 的硬质合金，而合金微观组织、添加剂等因素对晶粒尺寸小于 1.0μm 的 WC-Co 硬质合金的腐蚀性能影响的研究较少。本小节以图 8-1b 所示的 WC-6Co 复合粉为原料，采用三辊球磨机进行球磨，球磨球为 YG8 硬质合金球，直径 6mm、球料比 5：1、转速 100r/min、球磨时间分别设置为 48h 和 96h，将球磨干燥后的两种复合粉通过 SPS 制备出 WC 晶粒尺寸分别为 0.95μm、0.46μm 的 WC-6Co 硬质合金，SPS 烧结温度为 1250℃、保温时间 5min、烧结压强 50MPa。合金的微观组织如图 9-7 所示，其中复合粉球磨 48h 制备的合金即为图 8-3a 和图 8-5a 所示的合金。

从图中可以看出，WC-6Co 复合粉球磨 48h 制备的合金 WC 晶粒尺寸分布较宽，并且存在少量异常长大的 WC 晶粒，如图 9-7a 红色箭头所示；球磨 96h 制备的合金晶粒分布均匀。

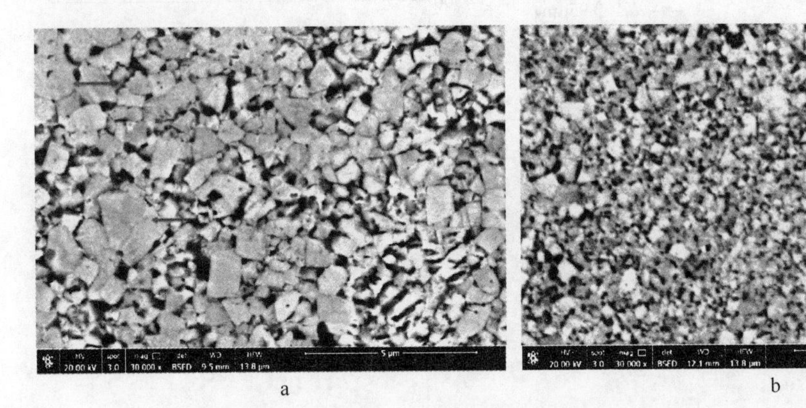

图 9-7 复合粉球磨不同时间制备的硬质合金微观形貌

a—48h；b—96h

图 9-8 和图 9-9 分别为两组合金在 0.1mol/L 的 HCl 和 NaOH 溶液中的极化曲线图和 Nyquist 阻抗图，图 9-10 为采用 ZsimpWin 软件拟合阻抗谱图时采用的等效电路图。表 9-3 为电化学腐蚀结果曲线的分析数据。

从图 9-8、图 9-9 和表 9-3 可以看出，在 HCl 溶液中，WC 晶粒尺寸为 0.95μm 的 WC-6Co 硬质合金自腐蚀电位为-0.368V，腐蚀电流密度为 62.99μA/cm^2，R_t 为 513Ω · cm^2；而晶粒尺寸为 0.46μm 合金的自腐蚀电位为-0.371V，腐蚀电流密度为 112.71μA/cm^2，R_t 为 384Ω · cm^2。从结果可以看出，随着 WC 晶粒尺寸的减小合金的自腐蚀电位发生负向偏移、阻抗值减小了 25%，腐蚀电流密度增加了约 79%。说明在实验范围内 WC 晶粒越细发生自腐蚀的趋势越大，合

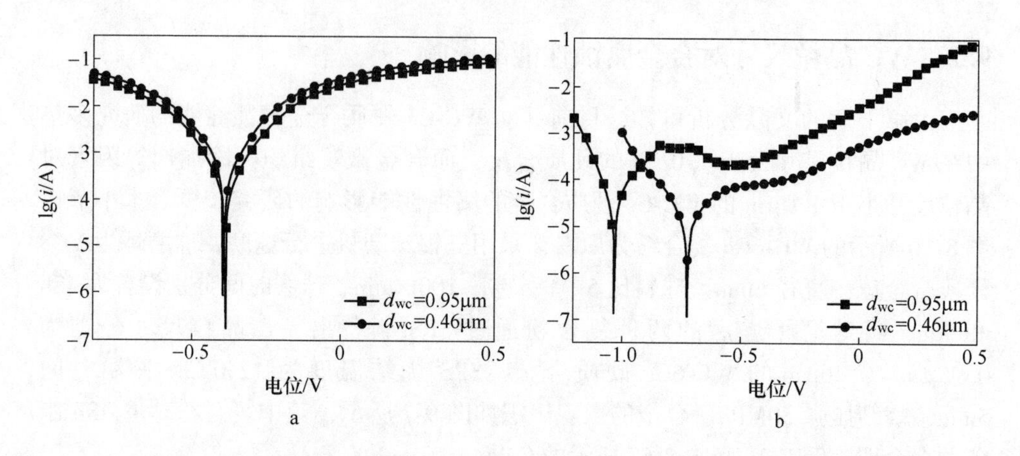

图 9-8　不同晶粒尺寸 WC-6Co 合金在 0.1mol/L 溶液中的极化曲线

a—HCl；b—NaOH

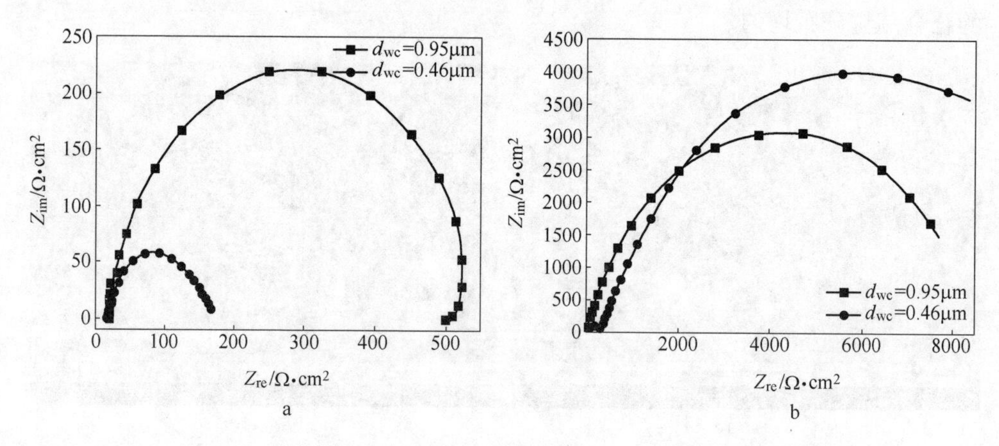

图 9-9　不同晶粒尺寸 WC-6Co 合金在 0.1mol/L 溶液中的阻抗图

a—HCl；b—NaOH

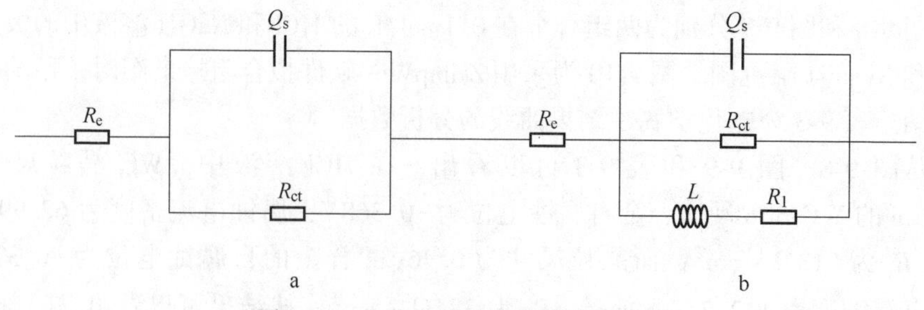

图 9-10　电化学阻抗谱的等效电路图

a—NaOH；b—HCl

金耐腐蚀性能越差。分析原因如下：首先，在酸性条件下合金的腐蚀主要是 Co 黏结相的溶解，在相同的 Co 含量的硬质合金中表面 Co 黏结相与腐蚀溶液的接触面积随着 WC 晶粒的减小而增大，因此晶粒尺寸为 0.46μm 的合金表面 Co 黏结相与 HCl 的接触面积比 0.95μm 的更大，合金更易发生腐蚀。其次，有研究表明在 WC/Co 界面处存在一层厚度约为 0.05μm 的薄 Co 层，该层中的 W 含量远低于正常的 Co 黏结相中的含量，因此更易发生腐蚀反应，且在该层腐蚀的电流密度也比 Co 黏结相的更大。当 WC 晶粒减小时，合金的 WC/Co 界面数量增加，薄 Co 层数量增加，使合金更易发生腐蚀，耐腐蚀性能下降。

表 9-3 不同晶粒尺寸合金的电化学腐蚀参数

晶体尺寸 /μm	$R_{ct}/\Omega\cdot cm^2$		E_{corr}/mV		$i_{corr}/\mu A\cdot cm^{-2}$	
	HCl	NaOH	HCl	NaOH	HCl	NaOH
0.95	513	9736	-368	-1032	62.99	12.80
0.46	384	20020	-371	-724	112.71	5.43

在 NaOH 溶液中，WC 晶粒尺寸为 0.95μm 的 WC-6Co 硬质合金自腐蚀电位为-1.032V，腐蚀电流密度为 12.80μA/cm²，R_t 为 9736Ω·cm²；而晶粒尺寸为 0.46μm 合金的自腐蚀电位为-0.724V，腐蚀电流密度为 5.43μA/cm²，R_t 为 20020Ω·cm²。从结果分析可知，随着 WC 晶粒尺寸的减小合金的自腐蚀电位发生正向偏移、阻抗值变大，腐蚀电流密度下降。说明 WC 晶粒越细发生腐蚀的趋势越小，合金耐腐蚀性能更好。有研究表明 Co 在碱性溶液比在酸性溶液中更加稳定，由于 Co 与碱性溶液发生反应生成的 $Co(OH)_2$ 能够附着在合金表面上，减少合金与溶液的接触面积，从而抑制合金腐蚀的进一步进行。WC 晶粒越细，则 WC/Co 界面数量增加，使 Co 与腐蚀溶液的接触面积增大，Co 更易与溶液发生反应生成 $Co(OH)_2$ 并附着在合金表面，抑制合金的进一步腐蚀并减小腐蚀电流，合金的耐腐蚀性能得到增强。从图 9-8b 还可看出，两组合金在-0.70～-0.25V 范围内腐蚀电流发生减小的现象，分析认为正是由于表面生成的$Co(OH)_2$阻碍了合金与溶液的接触，使电荷传递密度下降导致的；随着电位的进一步升高，$Co(OH)_2$薄膜被击穿，腐蚀电流进一步增大。

9.3 添加剂对腐蚀性能的影响

9.3.1 添加剂种类的影响

以图 8-1b 所示的 WC-6Co 复合粉为原料，采用三辊球磨机进行球磨添加质量分数固定为 1.0%的 Y_2O_3、Cu、Mo 和 Mo_2C 四种添加剂，球磨球为 YG8 硬质合金球，直径 6mm、球料比 5：1、转速 100r/min、球磨时间为 48h，球磨后将料浆置于真空干燥箱加热至 70℃保温 4h。随后将球磨干燥后的四种复合粉通过 SPS 制备出含不同种类添加剂的 WC-6Co 硬质合金，其微观组织和性能分别如图 8-3 和表 8-2 所示。分别测量四组合金在 0.1mol/L 的 HCl 和 NaOH 溶液中的极化曲线图和 Nyquist 阻抗图，如图 9-11 和图 9-12 所示。表 9-4 为五组合金分别在 HCl 和 NaOH 溶液中的电化学腐蚀参数。

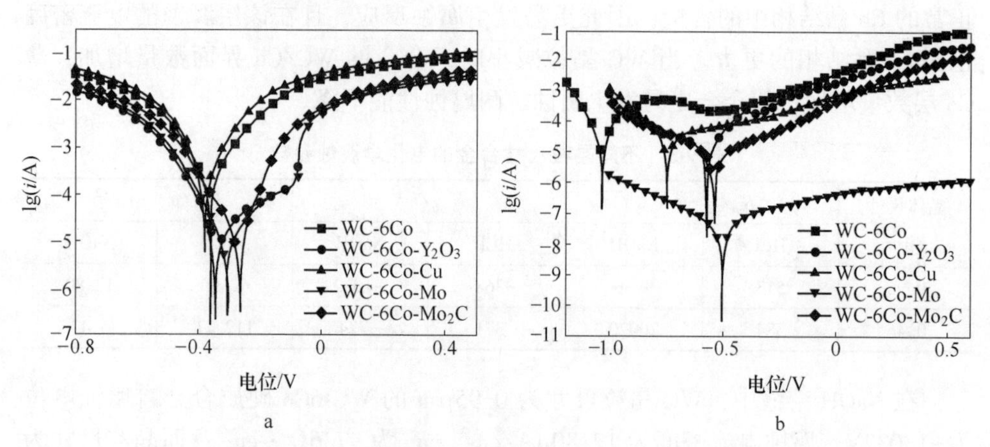

图 9-11　掺加了不同种类添加剂的硬质合金在溶液中的腐蚀极化曲线

a—HCl；b—NaOH

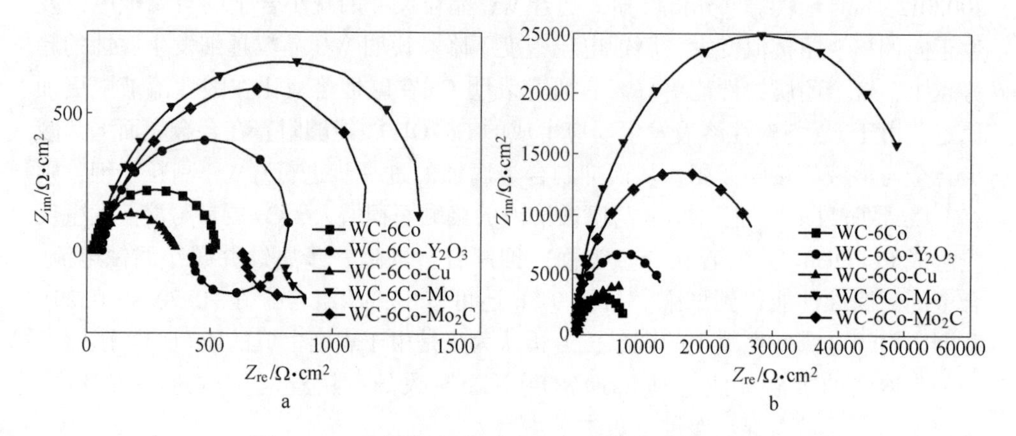

图 9-12　不同添加剂硬质合金在溶液中的阻抗谱图

a—HCl；b—NaOH

表 9-4　不同添加剂合金的电化学腐蚀参数

添加剂类别	R_{ct}/Ω · cm^2		E_{corr}/mV		i_{corr}/μA · cm^{-2}	
	HCl	NaOH	HCl	NaOH	HCl	NaOH
无添加	513	9736	−368	−1032	62.99	12.80
Y_2O_3	1610	15239	−343	−572	4.76	5.15

续表 9-4

添加剂类别	$R_{ct}/\Omega \cdot cm^2$		E_{corr}/mV		$i_{corr}/\mu A \cdot cm^{-2}$	
	HCl	NaOH	HCl	NaOH	HCl	NaOH
Cu	342	11152	-379	-744	106.02	8.53
Mo	4842	87900	-307	-502	3.38	0.01
Mo_2C	3334	43680	-265	-540	8.54	2.23

从图 9-11a 和表 9-4 可以看出，Y_2O_3、Mo 和 Mo_2C 能使合金在 HCl 溶液中的自腐蚀电位发生正向偏移，腐蚀电流密度减小。说明 Y_2O_3、Mo 和 Mo_2C 能有效增强合金在 HCl 溶液中的耐腐蚀性能。由 Co-Y 二元相图可知 Y 原子几乎不能固溶于 Co 相中，在硬质合金中 Y 原子大多分布于 WC/Co 和 WC/WC 的界面处，对黏结相的溶解起到一定的阻碍作用，从而提高合金的耐腐蚀性能；此外，有文献分析认为添加 Y_2O_3 能够增加 W 在 Co 黏结相中的固溶量，使黏结相得到强化，减少其在 HCl 溶液的溶解，从而提高合金耐腐蚀性能。相对于 Y，添加了 Mo 和 Mo_2C 的硬质合金自腐蚀电位正向偏移明显，其腐蚀电流密度比纯 WC-6Co 合金的更小，说明 Mo 和 Mo_2C 能够有效提高合金的耐腐蚀性能。WC-Co 硬质合金在酸性条件下的腐蚀主要发生 Co 黏结相和 WC/Co 界面的溶解，随后硬质相也会发生氧化与脱落。分析认为经历烧结过程的硬质合金中的 Mo 原子能够优先溶解于 Co 黏结相中，对黏结相起到强化作用，从而提高合金整体的耐腐蚀性能；其次 Co 黏结相溶解的 Mo 能够使 Co 保持面心立方（fcc）结构，其比六方（hcp）结构的 Co 具有更强的耐腐蚀性能，导致合金耐腐蚀性能得到增强；最后 Mo 在腐蚀过程中被氧化生成 MoO_3 并附着在合金表面上，减小合金与腐蚀溶液的接触面积，提高合金的耐腐蚀性能。相比于纯 WC-6Co 硬质合金，添加了 Mo 和 Mo_2C 的硬质合金腐蚀电流密度分别减小了 94.6%和 86.4%。分析认为 Mo 能够有效抑制合金的点状腐蚀使电荷迁移数量减少，从而减小合金的腐蚀速率；其次在酸性溶液中由于含 Mo 的氧化膜电导率更低，导致其比 Co 具有更强的耐腐蚀性能，使腐蚀电流下降。

从图 9-11a 和表 9-4 还可看出，添加 Cu 使合金在 HCl 溶液中的耐腐蚀性能下降。分析认为 Cu 的还原标准电极电势为 0.3419eV（vs SHE），远高于 Co 的还原标准电极电势-0.28eV（vs SHE），因此 Cu 在理论上能够增强 WC-Co 硬质合金的耐腐蚀性能，然而 Cu 对 WC 的润湿性能较差，润湿角约为 20°～30°，因此添加 Cu 后使合金孔隙增加、致密度下降，使合金与腐蚀溶液的接触面积增大，从而导致合金耐腐蚀性能下降、腐蚀电流密度增加。

图 9-11b 所示为不同添加剂的硬质合金在 0.1mol/L 的 NaOH 溶液中的电化学腐蚀极化曲线。从图中可以看出，Y_2O_3、Cu、Mo 和 Mo_2C 四种添加剂均能提高

合金在 NaOH 溶液中的耐腐蚀性能，其中 Mo 对提高合金耐腐蚀性能的效果最为明显，Mo_2C 的效果次之。首先，由图 8-3 可知，添加剂能够抑制 WC 晶粒长大。WC 晶粒越细，则 WC/Co 界面数量增加，使 Co 与腐蚀溶液的接触面积增大，Co 更易与溶液发生反应生成 $Co(OH)_2$ 并附着在合金表面，抑制合金的进一步腐蚀并减小腐蚀电流，合金的耐腐蚀性能得到增强。其次，添加剂能够抑制 Co 从 fcc 向 hcp 结构转变，增加合金中 fcc-Co 的含量。由于 fcc-Co 比 hcp-Co 具有更高的热力学稳定性，因此合金耐腐蚀性能随着 fcc-Co 含量的增加而增强，腐蚀电流密度减小。再次，相比于 Mo，Mo_2C 更容易固溶于 WC 形成（W，Mo）C，其在碱性条件下易发生腐蚀。因此添加了 Mo_2C 的合金比添加 Mo 的腐蚀电流密度更大，耐腐蚀性能更差。

图 9-12 为五组合金分别在 0.1mol/L 的 HCl 和 NaOH 溶液中的阻抗图。结合图 9-12 与表 9-4 的阻抗值数据可知，在 HCl 溶液中 Y_2O_3、Mo 和 Mo_2C 添加剂能够提高合金的阻抗值、降低腐蚀速率，增强合金的耐腐蚀性能，而 Cu 降低合金的耐腐蚀性能。在 NaOH 溶液中 Y_2O_3、Cu、Mo 和 Mo_2C 四种添加剂均能够增强合金的耐腐蚀性能。阻抗图的分析与极化曲线结果一致。

9.3.2 Mo 含量的影响

从 5.3.1 小节当中的结果及分析可以发现，在 Y_2O_3、Cu、Mo 和 Mo_2C 四种添加剂中 Mo 对增强 WC-6Co 硬质合金在 pH=1 和 pH=13 的两种溶液中的耐腐蚀性能的效果最为显著。为了更加系统地研究不同添加剂含量对耐腐蚀性能的影响，设置合金中 Mo 的质量百分含量分别为 0、1%、2%和 4%，分析不同添加剂含量对合金在溶液中腐蚀的极化曲线及相关腐蚀参数的影响。

图 9-13 为不同 Mo 含量的硬质合金分别在 0.1mol/L 的 HCl 和 NaOH 溶液中的极化曲线，表 9-5 为电化学腐蚀参数。从图 9-13 和表 9-5 中可以看出，随着 Mo 含量的增加，合金在 HCl 溶液中的自腐蚀电位值逐渐向正向偏移，但是当 Mo 含量达到 2%时自腐蚀电位又向负向移动，当 Mo 为 4%时电位值最负；自腐蚀电流密度随着 Mo 含量的增加而减小，当 Mo 含量超过 2%时，自腐蚀电流密度又逐渐增大。

WC-Co 硬质合金在酸性条件下的腐蚀主要是 Co 黏结相和 WC/Co 界面的溶解，随着腐蚀的进行 Co 黏结相发生溶解，裸露在溶液中的硬质相随之发生氧化与脱落现象。当往合金中添加 Mo 后，Mo 能够优先溶解于 Co 相中抑制 fcc-Co 向 hcp-Co 转变，提高 Co 黏结相的耐腐蚀性能，从而增强合金的耐腐蚀性能；其次，由于 Mo 能够有效抑制合金的点状腐蚀从而降低合金的腐蚀速率，使自腐蚀电流密度减小；最后添加的 Mo 元素在腐蚀过程中被氧化形成 MoO_3 薄膜，其附着在合金表面从而抑制合金的进一步腐蚀。

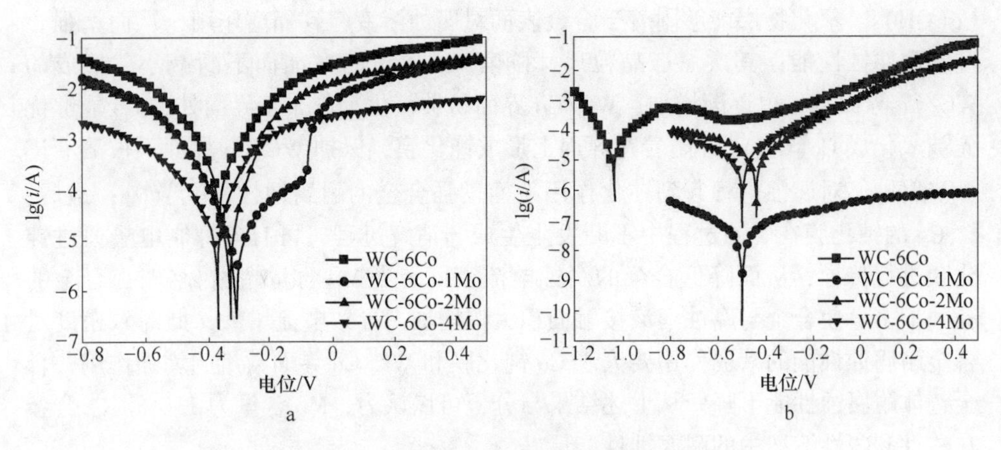

图 9-13 不同 Mo 含量合金的极化曲线

a—HCl；b—NaOH

表 9-5 不同 Mo 含量合金的电化学腐蚀参数

Mo 含量	E_{corr}/mV		i_{corr}/$\mu A \cdot cm^{-2}$	
	HCl	NaOH	HCl	NaOH
0	-368	-1032	62. 99	12. 80
1	-307	-502	3. 38	0. 01
2	-326	-441	6. 04	4. 84
4	-371	-504	8. 08	4. 09

由图 8-5 和表 8-3 的结果分析可知，WC 晶粒尺寸和合金的相对密度均随着 Mo 含量的增加而不断减小。WC 晶粒尺寸的减小使合金中 WC/Co 界面数量增加，由文献［147］、［235］和［236］可知 WC/Co 界面处存在一个厚度约为 50nm 的薄钴层，其内部的 W 含量比黏结相的更低，因此 WC/Co 界面的耐腐蚀性能最差。WC/Co 界面数量随着 WC 晶粒尺寸的减小而增加，因此合金整体耐腐蚀性能降低。合金致密度下降，内部孔隙数量和体积增多，使合金表面与腐蚀溶液的接触面积也随之增加，因此在相同情况下测量合金的腐蚀性能时合金实际参与腐蚀的面积增大，导致合金的耐腐蚀性能下降、腐蚀电流密度增加。当 Mo 含量为 1%时，合金自腐蚀电位最大、自腐蚀电流密度最小。说明此时 Mo 对提高合金耐腐蚀性能的影响大于 WC 晶粒尺寸和致密度对耐腐蚀性能的影响。当 Mo 含量大于 2%时，合金自腐蚀电位逐渐向负向偏移、腐蚀电流密度不断增大，此时合金的耐腐蚀性能主要受到 WC/Co 界面数量和合金致密度的影响。

合金在 NaOH 溶液中的耐腐蚀性能随着 Mo 含量的增加而增强，当 Mo 含量超过 2% 时，耐腐蚀性能下降。分析认为 Co 元素在腐蚀过程中被氧化生成

$Co(OH)_2$、氧化物层能够附着于合金表面对腐蚀溶液起到隔离作用，从而增强合金的耐腐蚀性能；其次 WC 晶粒尺寸随着 Mo 含量的增加而不断减小，形成的 WC/Co 界面数量也逐渐增加，WC/Co 界面易被氧化，分布于界面处的 Co 能够优先被氧化成 $Co(OH)_2$ 并附着在界面上形成钝化膜，保护 WC/Co 界面不被溶液进一步腐蚀，对腐蚀过程起到钝化作用从而增强合金的耐腐蚀性能[240,244]；最后，含 Co 的钝化膜在腐蚀过程中不断发生生成、消解过程，可有效抑制电子通过钝化膜进行传导，从而降低合金的腐蚀电流密度。当 Mo 含量超过 2%时，合金的孔隙增多，使合金与腐蚀溶液接触面积大幅增加，导致电流增大，此时致密度对合金耐腐蚀性能的减弱作用要大于 Co 钝化膜和 WC/Co 界面数量的增强作用，合金整体耐腐蚀性能下降。从上述结果与分析可以认为，Mo 含量为 1.0%时，合金在酸性和碱性溶液中的耐腐蚀性能最好。

图 9-14 为 Mo 含量为 0 和 4%的两组合金分别在 0.1mol/L 的 HCl 和 NaOH 溶液中腐蚀后的微观组织及相应区域的 EDS 结果。从图中可以看出，未添加 Mo 元素的合金在 HCl 溶液中腐蚀后，表面整体呈现出大量裂纹，并暴露出大量孤立的 WC 晶粒。分析认为合金在腐蚀时由于发生相变使内部应力被施放，同时由于 Co 黏结相被溶解使 WC 晶粒失去支撑从而导致表面出现大量裂纹和 WC 晶粒脱落后留下的凹坑，表面较难观察到 Co 黏结相。图 9-14a 中的 EDS 结果显示出测量区域 Co 含量约为 2.08%，远小于合金的理论值 6.00%，这是由于 Co 在腐蚀过程中被溶解导致的。Mo 含量为 4%的合金在 HCl 溶液中腐蚀后，表面形貌与纯 WC-6Co 硬质合金的存在较大不同：首先，合金表面无明显的裂纹存在；其次，在二次电子模式下可以较清晰地区分出 WC 与 Co 黏结相。从图中 EDS 检测结果可以发现合金表面的 Co 含量约为 4.60%，是腐蚀后纯 WC-6Co 硬质合金表面含量的 2.2 倍。可以认为添加一定量的 Mo 元素后，能够有效抑制 Co 黏结相的溶解，增强 Co 黏结相的耐腐蚀性能，从而增强合金的耐腐蚀性能。

从图 9-14c 和 d 可以看出，两组合金在 NaOH 溶液中腐蚀后的表面形貌较为接近。合金表面较浅的小坑是 WC 晶粒溶解留下的，表面还存在较多 WC 晶粒，但是晶粒形状与图 9-7 的相比具有不规则形状，分析认为这是 WC 晶粒发生部分溶解导致的。从 EDS 检测结果中还可发现，添加 4%Mo 元素的合金在腐蚀后表面还存在较多 W（EDS 结果为 60.14%），而未添加 Mo 的合金表面 W 含量约为 47.05%，说明添加 Mo 能够抑制 WC-Co 硬质合金在 NaOH 溶液中的溶解，提高合金的耐腐蚀性能。

图 9-15 为添加了 4%Mo 元素的合金在 HCl 和 NaOH 溶液中腐蚀后的表面 XPS 检测结果。从图中可以看出，经 HCl 腐蚀后合金表面 Co 含量较低，而经 NaOH 腐蚀后表面可明显检测出 $Co(OH)_2$ 和 Co_3O_4。说明在 HCl 溶液中 Co 被氧化后生成的氧化物能够较快被酸溶解入溶液当中，使腐蚀表面的 Co 含量较低；

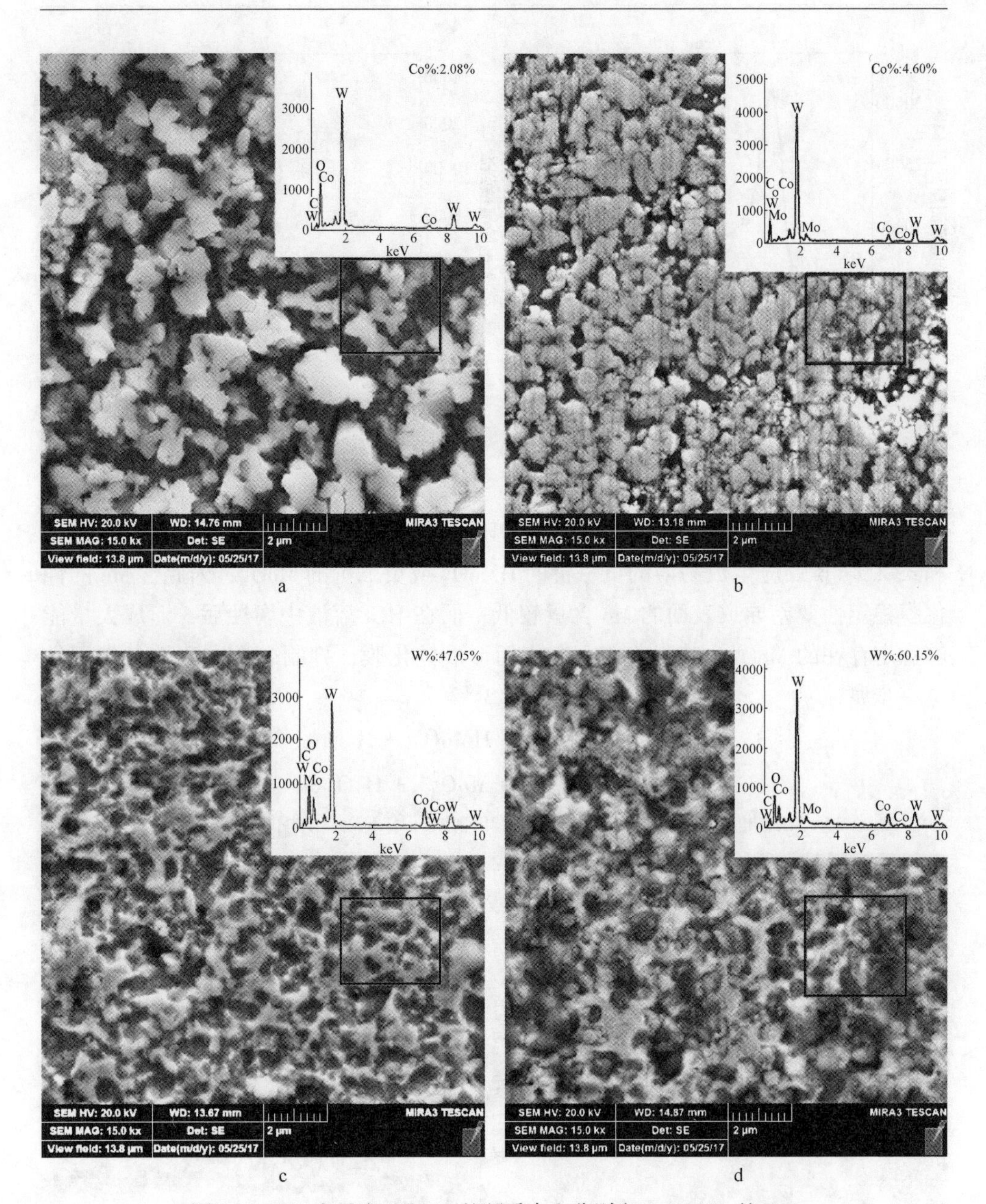

图 9-14 Mo 含量为 0 和 4%的硬质合金分别在 0.1mol/L 的 HCl 和 NaOH 溶液中腐蚀后合金表面微观形貌及能谱结果

a—Mo 含量为 0，HCl 腐蚀后；b—Mo 含量为 4%，HCl 腐蚀后；
c—Mo 含量为 0，NaOH 腐蚀后；d—Mo 含量为 4%，NaOH 腐蚀后

而在 NaOH 溶液中腐蚀后表面可检测出 $Co(OH)_2$ 和 Co_3O_4，说明其在碱性中较为稳定，根据前面的分析可知 $Co(OH)_2$ 会附着在合金表面形成钝化膜，抑制合

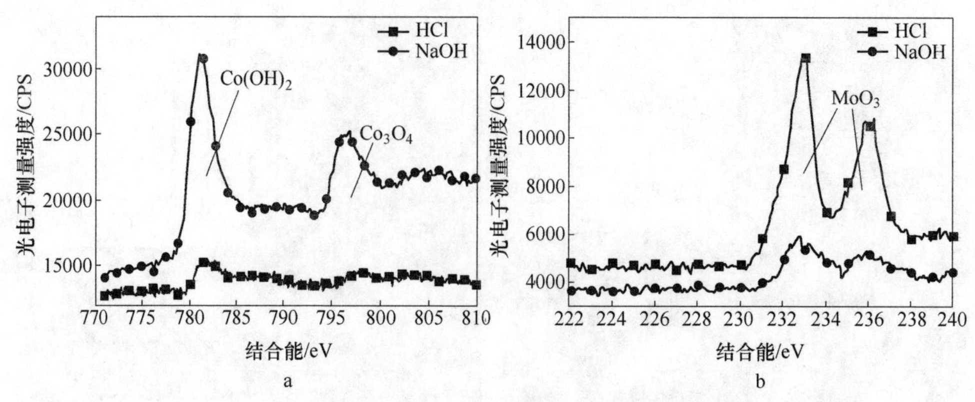

图 9-15　Mo 含量为 4%合金腐蚀表面 XPS 检测结果

a—Co 2p；b—Mo 3d

金进一步腐蚀。相反地，Mo 元素经 NaOH 溶液腐蚀后生成 MoO_3，再经式（9-3）和式（9-4）反应生成易溶的负一价的 $HMoO_4$ 或负二价的 MoO_4，因此含 Mo 的钝化膜稳定性变差导致表面的 Mo 含量较低；而在 HCl 溶液中腐蚀后，形成大量能够稳定存在的 MoO_3，其附着在合金表面形成钝化膜，抑制合金在酸性条件下的进一步腐蚀。

$$MoO_3 + 2OH^- = HMoO_4^- + H_2O + e \qquad (9\text{-}3)$$

$$MoO_3 + 2OH^- = MoO_4^{2-} + H_2O \qquad (9\text{-}4)$$

图 9-16 为添加了 4%Mo 硬质合金的 TEM 图和 EDS 线扫描结果。图中所示亮

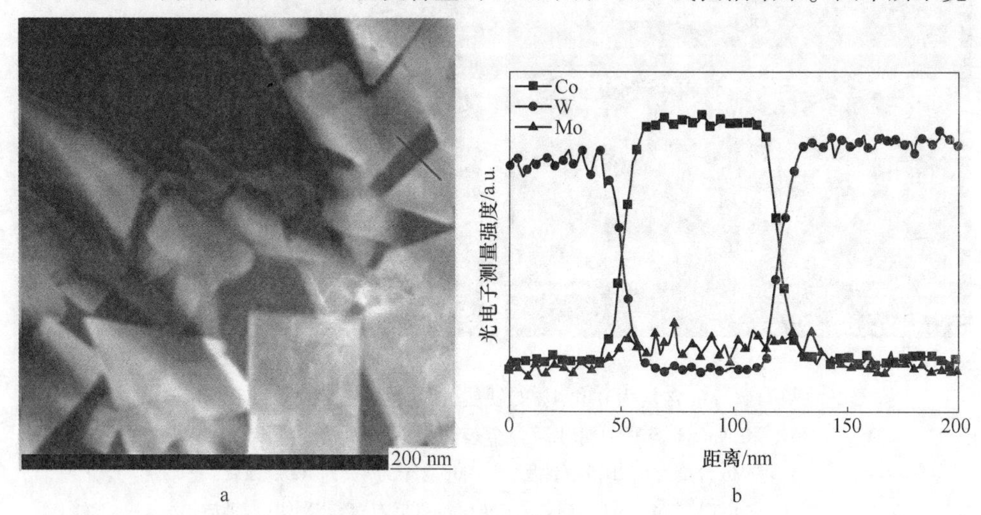

图 9-16　Mo 含量为 4%合金的 TEM 及 EDS 线扫描结果

a—明场像；b—线扫结果

白色为 WC 晶粒，灰色为 Co 黏结相。通过线扫结果显示，Mo 元素主要分布于 Co 黏结相当中，WC 晶粒中的 Mo 含量较低，说明 Mo 元素主要固溶于 Co 中；此外，在 Co 黏结相中 Mo 含量升高而 W 含量相对偏低，说明 Mo 优先于 W 溶于 Co 相中并对 Co 起到强化作用。

9.4 腐蚀过程分析

9.4.1 酸性溶液中的腐蚀

图 9-17 分别为未添加 Mo 和添加了 4.0%Mo 的硬质合金在 0.1mol/L HCl 溶液中腐蚀后，合金表面 XPS 的检测结果。

从图 9-17a 可以看出，腐蚀后合金表面 O 含量比较高，说明合金在 HCl 溶液中腐蚀后表面有氧化物生成；添加了 4.0%Mo 的合金经腐蚀后还出现了 Mo 3d 的峰，但强度较弱，这是因为 Mo 含量相对较低导致的。图 9-17b 为 Mo 3d 的窄谱图，可以看出结合能分别在 232.68eV、235.86eV 和 236.18eV 位置出现 Mo 的氧化物特征峰，通过查找 XPS 谱图及文献［247］可知这三个峰均为 MoO_3 的特征峰，说明添加的 Mo 元素在 HCl 溶液腐蚀过程中会被氧化，生成 MoO_3。由图 9-13 可知 Mo 能增强合金在 HCl 溶液的耐腐蚀性能，结合图 9-17b 结果认为，添加的 Mo 元素在腐蚀过程中被氧化生成 MoO_3，由于 MoO_3 能够稳定存在于酸性溶液中，因此随着腐蚀的进行 MoO_3 数量越多并逐渐在合金表面形成一层含 Mo 的氧化膜，对电子的传导起到阻碍作用，提高合金的耐腐蚀性能。

图 9-17c 和 d 为两组合金腐蚀后的 W 4f 特征峰。可以看出 WC-6Co 硬质合金的结果显示出两个特征峰，分别在 35.62eV 位置的 W 4f7/2 和 37.74eV 位置的 W 4f5/2，查找文献可知这两个峰对应为 WO_3，说明 WC 在腐蚀过程中会被氧化生成 WO_3；然而添加了 Mo 元素的合金除了出现 WO_3 的特征峰之外，在 31.72eV 和 33.91eV 的位置上还出现了 W 的特征峰，分析可知这两个特征峰分别对应于 WC 和 WCl_4。WCl_4 是 WC 与 HCl 反应生成的，而 WC 则是合金表面原有的 WC 晶粒未被氧化而留下来的。通过对比图 9-17c 和 d 的结果可知，添加 Mo 能抑制 WC 的氧化，合金被腐蚀后表面除了有 WO_3 之外，还有留存下来的 WC。图 9-17e 和 f 为两组合金腐蚀后的 C1s 特征峰。未添加 Mo 元素合金共有两个 C1s 特征峰，分别位于 284.68eV 和 288.48eV，分析可知这两个峰对应于 C 单质（石墨）和 $(OH)_2=C=O$；而添加了 Mo 元素的合金除了具有上述两个特征峰之外，在 286.78eV 位置还出现了一个特征峰，但这个峰并不是对应于 WC 的特征峰，并且 C 1s 窄谱图中并未出现 WC 的特征峰，分析认为是合金表面留存的 WC 含量较低导致的。

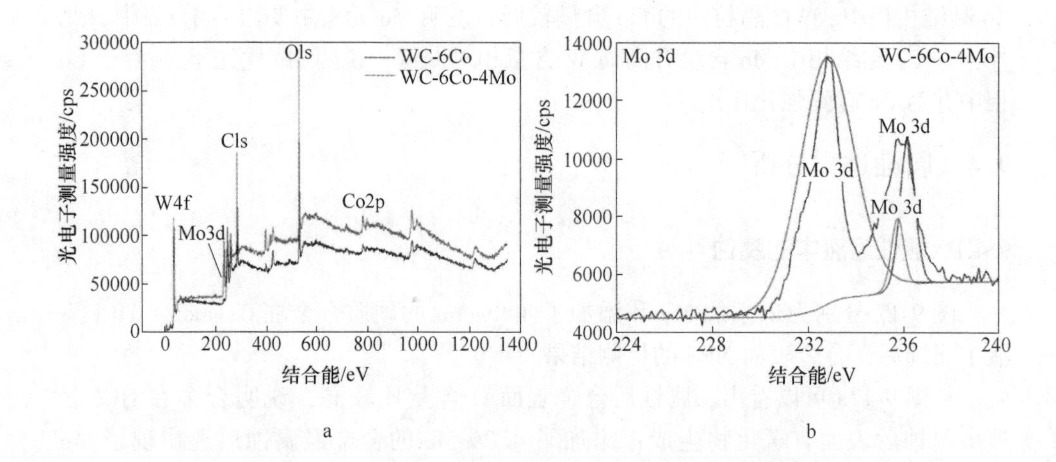
光电子测量强度/cps
结合能/eV
Ols
WC-6Co
WC-6Co-4Mo
Cls
W4f
Mo3d
Co2p
a
Mo 3d
WC-6Co-4Mo
Mo 3d
Mo 3d
Mo 3d
b

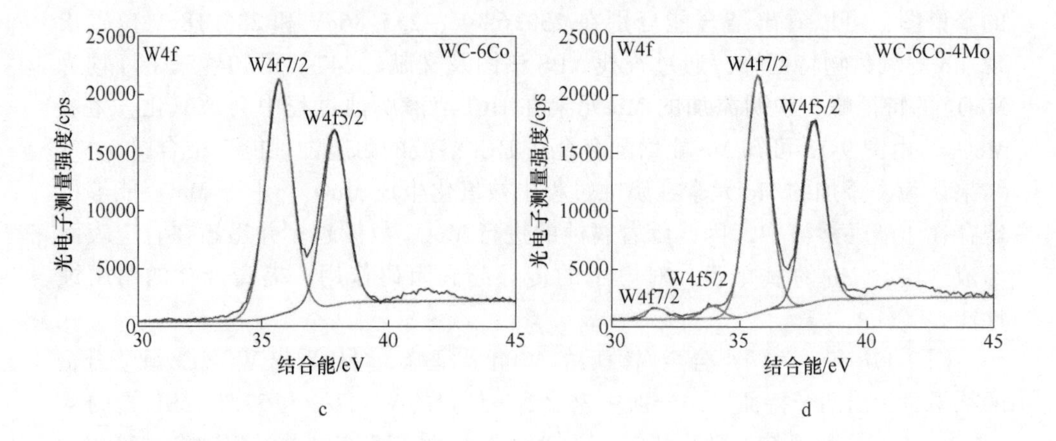
光电子测量强度/cps
结合能/eV
W4f
WC-6Co
W4f7/2
W4f5/2
c
W4f
WC-6Co-4Mo
W4f7/2
W4f5/2
W4f5/2
W4f7/2
d

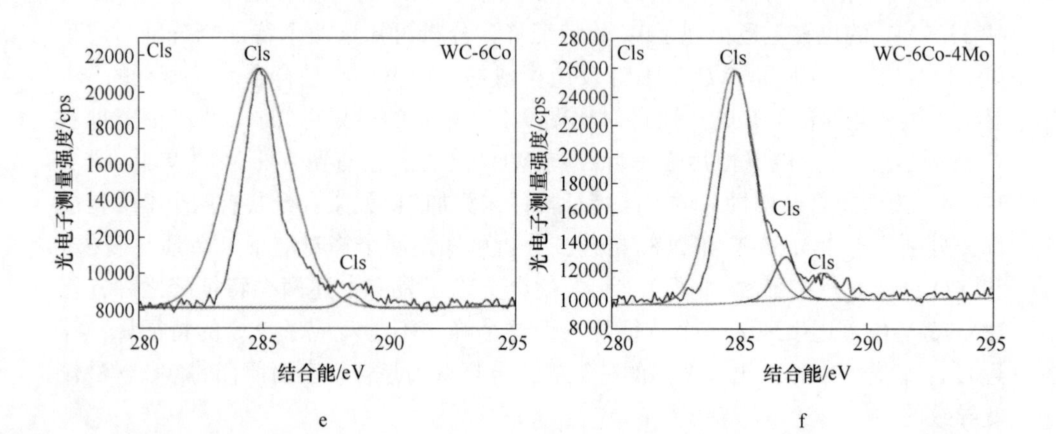
光电子测量强度/cps
结合能/eV
Cls
WC-6Co
Cls
Cls
e
Cls
WC-6Co-4Mo
Cls
Cls
Cls
f

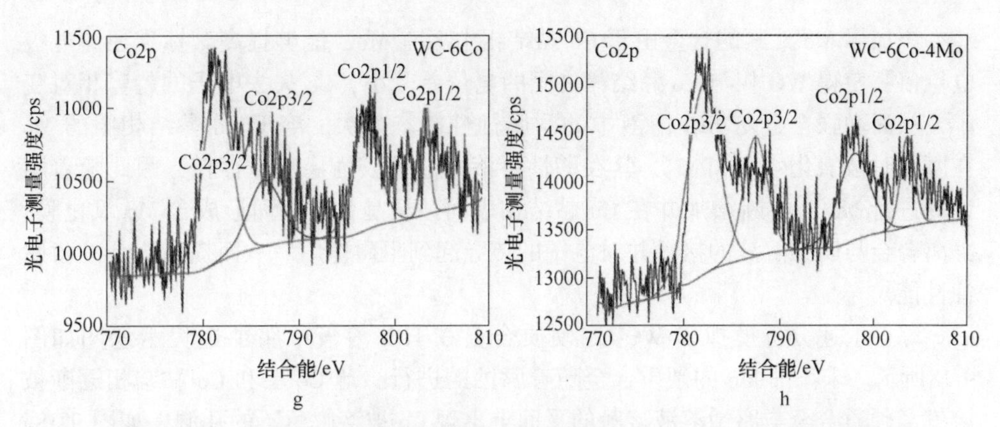

图 9-17 不同 Mo 含量硬质合金在 HCl 溶液腐蚀后合金表面 XPS 检测结果

a—全谱；b—WC-6Co-4Mo 合金的 Mo3d；c—WC-6Co 合金的 W 4f；d—WC-6Co-4Mo 合金的 W 4f；e—WC-6Co 合金的 C1s；f—WC-6Co-4Mo 合金的 C1s；g—WC-6Co 合金的 Co2p；h—WC-6Co-4Mo 合金的 Co2p

两组合金腐蚀后 XPS 检测 Co2p 特征峰如图 9-17g 和 h 所示。可以看出在结合能分别为 781. 56eV 和 797. 60eV 的位置出现了两个强度较高的特征峰，分析可知其对应于 $Co(OH)_2$ 和 Co_3O_4；而在 787. 03eV 和 803. 61eV 位置的峰找不到对应的价态，可能属于 $Co(OH)_2$ 中间的半峰。从图 9-17g 和 h 的纵坐标对比还可看出，添加了 Mo 元素的合金腐蚀后表面 Co2p 特征峰强度较高，表面残留的 Co 元素更多，说明 Mo 能抑制 Co 在 HCl 溶液中的溶解，从而增强合金的耐腐蚀性能。

硬质合金发生腐蚀的是 WC 相与 Co 黏结相之间存在电位差、Co 黏结相与 WC/Co 界面上存在的纯 Co 薄层存在电位差，它们相互之间存在腐蚀电偶引起的。当合金处于潮湿环境时 WC 相与 Co 黏结相构成原电池，两者之间的电位差值越大，则 Co 失去电子的趋势越大，导致合金更易发生腐蚀反应。结合图 9-13、图 9-14 和图 9-17 的结果和分析可以推断，Co 相中溶解的 W、C 等元素越少则其标准电位值越小，与 WC 相的电位值差值越大，因此纯净的 WC-Co 硬质合金在 HCl 溶液中的电化学腐蚀过程是位于 WC/Co 界面的薄 Co 层优先被腐蚀，发生式（9-1）的逆反应；随后 Co 黏结相主体发生腐蚀，生成 Co_3O_4 和 $Co(OH)_2$，并被溶解溶入溶液当中，WC 晶粒由于失去了黏结相的支撑而发生脱落，同时发生缓慢的腐蚀，发生式（9-5）的反应生成含 W 氧化物 WO_3。此外，在电池的正极发生还原反应，可能存在的反应如式（9-6）、式（9-7）和式（9-8）所示。

$$2WC + 5O_2 \xlongequal{} 2WO_3 + 2CO_2 \tag{9-5}$$

$$2H^+ + 2e \xlongequal{} H_2 \tag{9-6}$$

$$O_2 + 2H_2O + 4e \xlongequal{} 4OH^- \tag{9-7}$$

$$O_2 + 4H^+ + 4e \xlongequal{} 2H_2O \tag{9-8}$$

添加了 Mo 元素的合金由于 Co 黏结相中溶有 Mo，能够提高其标准还原电极电位值，使得 WC 相与 Co 黏结相之间的电位差较小，Co 失去电子的趋势相对变小，从而增强合金在 HCl 溶液中的耐腐蚀性能。其次，溶于 Co 黏结相中的 Mo 在腐蚀时被氧化生成 MoO_3，其在酸性溶液中能够较为稳定地存在，因此随着腐蚀的进行 MoO_3 不断增加并在 Co 黏结相表面甚至是合金表面形成含 Mo 氧化膜，隔离合金与腐蚀溶液的接触并对电子的传导起到阻碍作用，从而提高合金的耐腐蚀性能。

综合上述分析模拟出 WC-Co 硬质合金在 HCl 溶液中腐蚀过程示意图如图 9-18所示。未添加 Mo 的硬质合金随着腐蚀的进行，薄 Co 层和 Co 黏结相逐渐被溶解，硬质合金与腐蚀溶液接触的平面上出现 Co 被溶解留下的孔洞，如图 9-18a 的 2 号图所示；继续腐蚀 Co 黏结相不断溶解，孔洞不断增加，WC 晶粒由于失去黏结相的支撑发生脱落，如图 9-18a 的 3、4 号图所示。添加了 Mo 元素的合金在腐蚀初期，薄 Co 层和 Co 黏结相首先被腐蚀，合金表面出现腐蚀孔洞，固溶于 Co 中的 Mo 被氧化生成 MoO_3 并附着在合金表面，隔离合金与溶液的接触，如图 9-18b 的 2 号图所示；随着腐蚀的继续进行，Co 黏结持续溶解，但生成的 MoO_3 数量增加，在合金表面形成 MoO_3 氧化膜并隔离合金与溶液的接触、抑制电子的传导；最后 MoO_3 氧化膜处于不断生成、消解的循环过程中，直至氧化膜被逐渐升高的电压击穿。

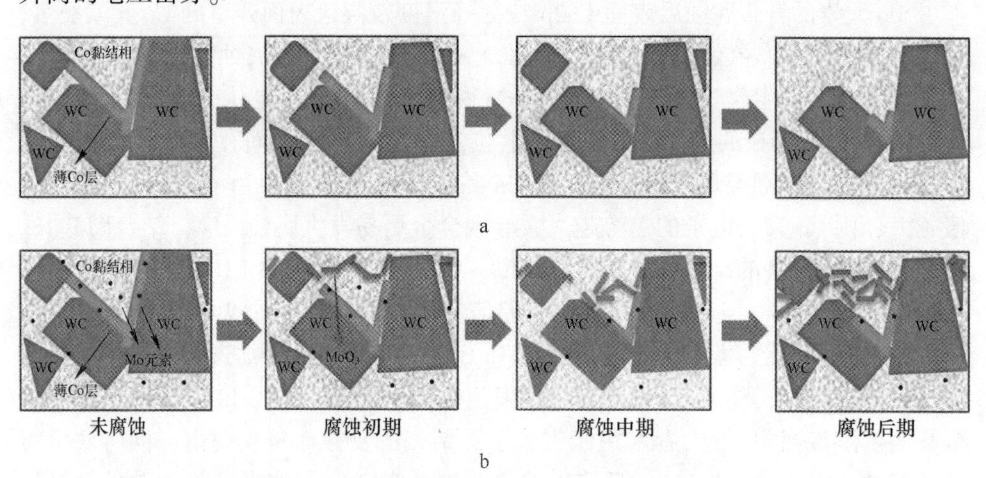

图 9-18 WC-Co 硬质合金在 HCl 溶液中腐蚀过程示意图

a—未添加 Mo；b—添加 Mo

9.4.2 碱性溶液中的腐蚀

图 9-19 分别为未添加 Mo 和添加了 4.0%Mo 的硬质合金在 0.1mol/L NaOH 溶液中腐蚀后，合金表面 XPS 的检测结果。

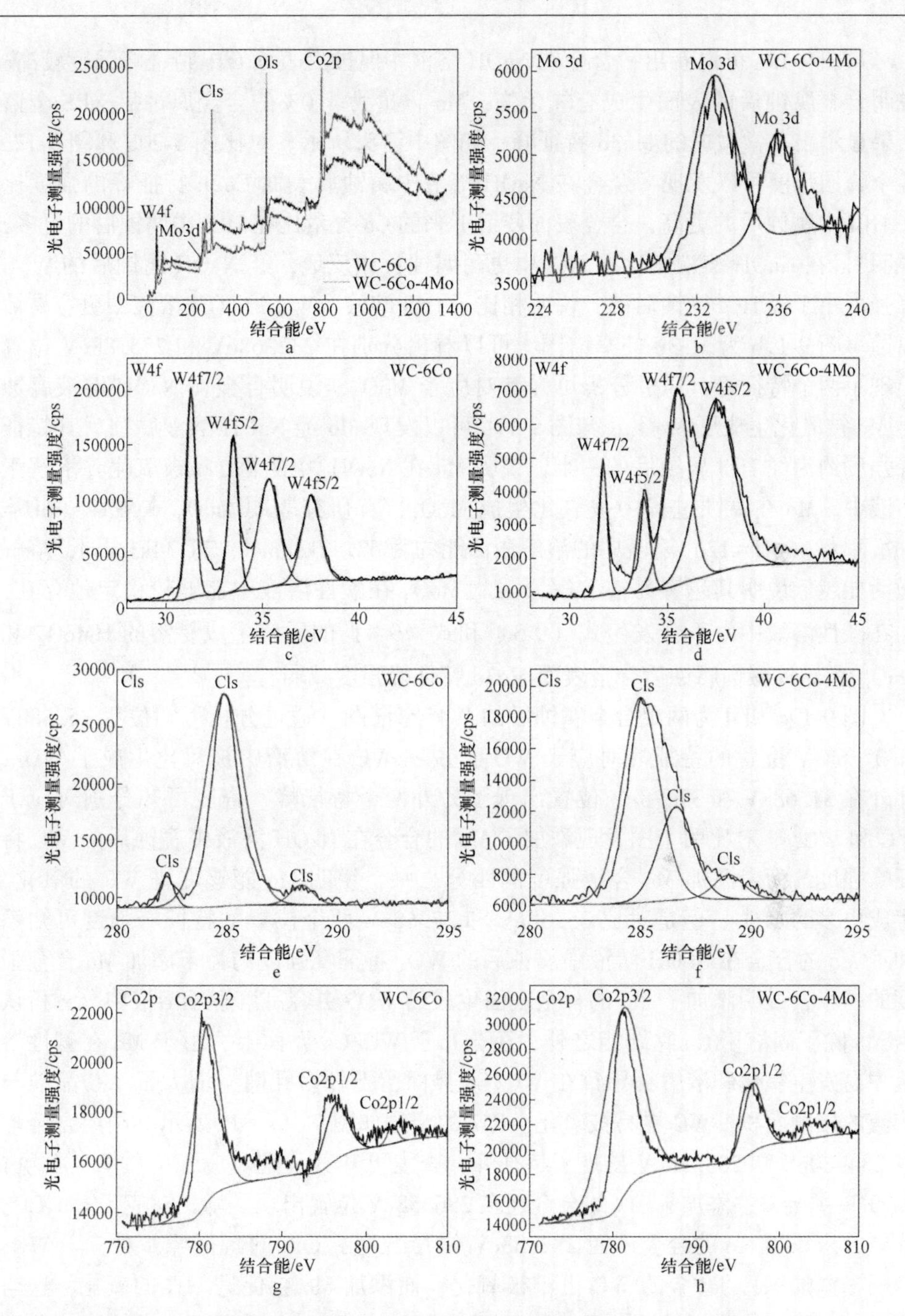

图 9-19 不同 Mo 含量硬质合金在 NaOH 溶液腐蚀后合金表面 XPS 检测结果

a—全谱；b—WC-6Co-4Mo 合金的 Mo3d，；c—WC-6Co 合金的 W 4f；d—WC-6Co-4Mo 合金的 W 4f；e—WC-6Co 合金的 C1s；f—WC-6Co-4Mo 合金的 C1s；g—WC-6Co 合金的 Co2p；h—WC-6Co-4Mo 合金的 Co2p

从图 9-19a 可以看出，合金在 NaOH 溶液中腐蚀后表面 O1s 特征峰强度较高，说明合金腐蚀后的表面生成有氧化物；Mo 含量为 4.0%的合金腐蚀后 XPS 全谱结果显示出非常微弱的 Mo3d 特征峰，如图中箭头所示。对比图 5-20a 和图 9-17a 各个峰的强度可以发现，合金在 NaOH 溶液中腐蚀后表面 Co2p 特征峰的强度比在 HCl 中腐蚀后的更高，合金表面残留下来的 Co 含量比在 HCl 中腐蚀后的更多，说明 Co 在 NaOH 溶液中比在 HCl 中更耐腐蚀；相反地，经 NaOH 腐蚀后的 W 4f 峰强度小于经 HCl 腐蚀后的，说明相比于 HCl 溶液，W 在 NaOH 溶液中更容易被腐蚀。图 9-19b 为 Mo3d 的窄谱图，可以看出分别在 232.68eV 和 235.88eV 位置出现了两个特征峰，通过分析可知其对应于 MoO_3，说明合金在 NaOH 溶液腐蚀时 Mo 被氧化生成了 MoO_3；与图 9-17b 可以发现 Mo 经 NaOH 溶液腐蚀后其特征峰强度约为经 HCl 腐蚀后的一半，说明 Mo 在 NaOH 溶液中更易被氧化并溶解于溶液中。Mo 在腐蚀过程中被氧化生成 MoO_3，有研究表明 MoO_3 在酸性（pH = 2）、碱性（pH = 12）溶液中的溶解激活能约为 62.42kJ/mol、28.34kJ/mol，溶解激活能越低说明其越容易被溶解，因此 MoO_3 在酸性溶液中能够较稳定地存在，而在碱性溶液中由于会发生式（9-3）和式（9-4）的反应生成易溶的 $HMoO_4^-$ 和 MoO_4^{2-}，导致碱性腐蚀后合金表面 Mo3d 特征峰强度减弱。

图 9-19c 和 d 为两组合金腐蚀后的 W4f 窄谱图。通过分析可知位于 35.58eV 和 37.68eV 位置的特征峰对应于 WO_3，说明 WC 在溶液中被氧化生成了 WO_3；此外在 31.68eV 和 33.78eV 位置出现了另外两个特征峰，查表可知分别对应于 WC 和 WCl_4。对比两个图发现添加了 Mo 的合金在 NaOH 溶液中腐蚀后的 WC 特征峰强度约为未添加 Mo 合金强度的四分之一，说明 Mo 能够促进 WC 的氧化，生成更多的 WO_3；但是对比 35.58eV 和 37.68eV 两个位置的特征峰强度可知添加了 Mo 的合金在 NaOH 溶液中腐蚀后的 WO_3 特征峰强度约为未添加 Mo 合金强度的一半，说明添加了 Mo 的合金表面生成的 WO_3 更容易溶解于溶液中。分析认为 Mo 除了固溶于 Co 黏结相之外，还分布于 WC/Co 界面上，由于 Mo 在碱性溶液中易发生氧化和溶解，导致在 WC/Co 界面留下较多孔隙，增大了 WC 晶粒与溶液的接触面积，WC 更易被氧化。C1s 的窄谱如图 9-19e 和 f 所示，两组合金均在 284.80eV 和 288.58eV 出现了特征峰，查表可知其分别对应于单质 C（石墨）和 OH—C ═O；添加了 Mo 的合金还在 286.58eV 位置出现了峰，对应于 CH_2CO。此外，未添加 Mo 的合金还在 282.38eV 位置出现了 C1s 的特征峰，对应于 WC，说明未添加 Mo 的合金的 WC 更难被氧化，而添加 Mo 会促进 WC 的氧化，这与图 9-19c 和 d 的分析结论一致。对比两组合金的 Co2p 窄谱发现，在结合能分别为 781.08eV、796.58eV 和 803.30eV 位置出现了特征峰，分析可知前两个峰对应于 $Co(OH)_2$ 和 Co_3O_4，最后一个峰为半峰。对比图 9-19g 和 h 特征峰的强度可知，添加了 Mo 元素的合金的 $Co(OH)_2$ 峰强度约为未添加 Mo 的两倍，说明 Mo

能够抑制 $Co(OH)_2$ 在 NaOH 中的溶解，$Co(OH)_2$ 薄膜的稳定存在能够降低电子的传导效率，提高合金耐腐蚀性能。

在碱性溶液，合金发生腐蚀的原理仍然是 WC 相与 Co 黏结相之间存在电位差、Co 黏结相与 WC/Co 界面上存在的纯 Co 薄层存在电位差引起的。位于 WC/Co 界面上的纯 Co 薄层和 Co 黏结相首先被氧化，并生成在碱性溶液中能够稳定存在的 $Co(OH)_2$，其附着在合金表面起到隔离腐蚀溶液和抑制电子传导的作用；相反，硬质相 WC 和 Mo_2C 在碱性溶液易发生氧化溶解。因此推导出在碱性条件下硬质合金的腐蚀过程为：位于 WC/Co 界面上的纯 Co 薄层和 Co 黏结相首先被腐蚀生成能够在碱性条件下稳定存在的 $Co(OH)_2$ 并附着在 Co 黏结相以及合金表面，起到隔离溶液和抑制电子传导的作用；与此同时硬质相也发生腐蚀生成含 W/Mo 的氧化物，由于 W/Mo 氧化物在碱性中易发生反应并溶入溶液中，随着腐蚀的进行硬质相持续发生溶解，最终在合金表面由于硬质相晶粒的溶解而留下较多凹坑，如图 9-14c 和 d 所示。

根据上述分析可模拟出 WC-Co 硬质合金在 NaOH 溶液中的腐蚀过程示意图如图 9-20 所示。在碱性条件下添加 Mo 与未来添加 Mo 元素的硬质合金腐蚀过程无明显区别，添加了 Mo 元素的合金 WC/Co 界面上存在有 Mo，使 WC 晶粒更容易被腐蚀和溶解。

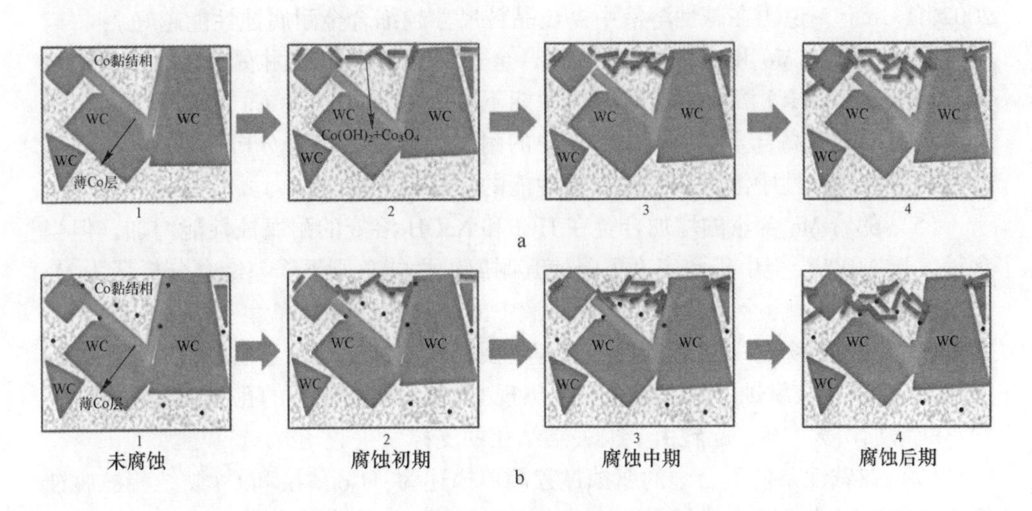

图 9-20 WC-Co 硬质合金在 NaOH 溶液中的腐蚀过程示意图

a—未添加 Mo；b—添加了 Mo

9.5 本章小结

本章介绍了 WC 晶粒尺寸小于 1.0μm 的 WC-6Co 硬质合金分别在 0.1mol/L

的 HCl 和 NaOH 溶液中的电化学腐蚀行为；探索了合金组织结构、添加剂等对电化学腐蚀行为的影响与机理；对合金腐蚀过程、产物进行了分析。

（1）制备出 WC 晶粒尺寸为 0.84μm 的无黏结相合金，测量电化学腐蚀性能发现：相比于 NaOH 溶液，WC 合金在 HCl 溶液中具有更好的耐腐蚀性能。对比纯 Co 合金与添加了 10.0%WC 的 Co-10WC 合金在 HCl 和 NaOH 腐蚀溶液中的电化学腐蚀性能发现，添加了 WC 的 Co 合金的自腐蚀电位值与纯 Co 合金相比向正向偏移、腐蚀电流密度相比降低了 37.7%；添加 WC 使 Co 合金在 NaOH 溶液中的耐腐蚀性能变差。

（2）对比了 WC 晶粒尺寸分别为 0.95μm 和 0.46μm 的 WC-6Co 硬质合金的耐腐蚀性能。结果表明晶粒尺寸为 0.95μm 的合金在 HCl 溶液中的自腐蚀电位为 -0.368V，腐蚀电流密度为 62.99μA/cm^2，R_t 为 513Ω · cm^2；而晶粒尺寸为 0.46μm 合金的自腐蚀电位为 -0.371 V，腐蚀电流密度为 112.71μA/cm^2，R_t 为 384Ω · cm^2，说明在实验范围内晶粒尺寸越细合金在 HCl 溶液中的耐腐蚀性能越差。

（3）WC 晶粒尺寸为 0.95μm 的 WC-6Co 硬质合金在 NaOH 溶液自腐蚀电位为 -1.032V，腐蚀电流密度为 12.80μA/cm^2，R_t 为 9736Ω · cm^2；而晶粒尺寸为 0.46μm 合金的自腐蚀电位为 -0.724V，腐蚀电流密度为 5.43μA/cm^2，R_t 为 20020Ω · cm^2，说明在碱性溶液中 WC 晶粒尺寸越细合金耐腐蚀性能越好。

（4）Y_2O_3、Mo 和 Mo_2C 均能提高合金在 HCl 溶液中的耐腐蚀性能，但是添加 Cu 使合金在 HCl 溶液中的耐腐蚀性能下降。添加 Y_2O_3、Cu、Mo 和 Mo_2C 四种添加剂均能提高合金在 NaOH 溶液中的耐腐蚀性能。综合分析发现 Mo 对提高合金在酸性和碱性中溶液中的耐腐蚀性能的效果最为明显。

（5）随着 Mo 含量的增加合金在 HCl 和 NaOH 溶液的耐腐蚀性能增加，但当含量大于 2.0%合金由于致密度下降使其耐腐蚀性能急剧下降。综合分析认为 Mo 含量为 1.0%时，合金在酸性和碱性溶液中的耐腐蚀性能最好。

（6）在酸性条件下合金的腐蚀过程主要为：腐蚀初期位于 WC/Co 界面薄 Co 层和 Co 黏结相被腐蚀溶解，合金表面出现 Co 被溶解后留下的孔洞；继续腐蚀孔洞不断增加增大，WC 晶粒由于失去黏结相的支撑发生脱落。

（7）在碱性条件下合金的腐蚀过程简单描述为：Co 薄层和 Co 黏结相被腐蚀氧化生成在碱性溶液中能够稳定存在的 $Co(OH)_2$，其附着在合金表面起到隔离腐蚀溶液和抑制电子传导的作用；同时硬质相发生腐蚀溶解生成 WO_3 并持续溶解于溶液中，在合金表面留下凹坑。

（8）Mo 能同时增强合金在 HCl 和 NaOH 溶液中的耐腐蚀性能，但其作用过程与机理不同。在 HCl 中，Mo 固溶于 Co 黏结相，增强黏结相的耐腐蚀性能；腐蚀生成的 MoO_3 附着于合金表面隔离合金与溶液的接触并且抑制电子的传导，提高合金的耐腐蚀性能。然而在 NaOH 溶液中 Mo 的增强过程机理为 Mo 细化 WC 晶粒使 WC/Co 晶界数量增加，在腐蚀初期晶界易发生腐蚀生成稳定存在的 $Co(OH)_2$ 并附着在合金表面起到隔离作用和抑制电子传导的作用，提高耐腐蚀性能。

参 考 文 献

[1] Zhu Huang, Xingrun Ren, Meixia Liu, et al. Effect of Cu on the microstructures and properties of WC-6Co cemented carbides fabricated by SPS [J]. International Journal of Refractory Metals and Hard Materials, 2017, 62: 155~160.

[2] 刘咏，羊建高．梯度与新型结构硬质合金 [M]．长沙：中南大学出版社，2010：2~245.

[3] 陈楚轩．钨钴硬质合金碳量控制原理 [M]．自贡：中国钨业协会硬质合金分会，2016：1~10.

[4] Mark Gee, Ken Mingard, John Nunn, et al. In situ scratch testing and abrasion simulation of WC/Co [J]. International Journal of Refractory Metals and Hard Materials, 2017, 62: 192~201.

[5] Tarragó J M, Roa J J, Valle V, et al. Fracture and fatigue behavior of WC-Co and WC-CoNi cemented carbides [J]. International Journal of Refractory Metals and Hard Materials, 2015, 49: 184~191.

[6] 郭圣达，羊建高，朱二涛，等．WC-Co 复合粉形貌遗传特性及粒度分布研究 [J]．稀有金属材料与工程，2016，45（5）：1330~1334.

[7] Pignie C, Gee M G, Nunn J W, et al. Simulation of abrasion to WC/Co hardmetals using a micro-tribology test system [J]. Wear, 2013, 302: 1050~1057.

[8] 赵世贤，宋晓艳，刘雪梅，等．超细晶硬质合金显微组织参数与力学性能定量关系的研究 [J]．金属学报，2011，47（9）：1188~1194.

[9] Roebuck B, Bennett E G. Hardmetal toughness tests: Vamas interlaboratory exercise [M]. Teddington: National Physical Laboratory, 2005: 1~38.

[10] 周书助．硬质合金生产原理和质量控制 [M]．北京：冶金工业出版社，2014：2~21.

[11] 赵世贤．超细晶 WC-Co 硬质合金的制备、组织表征和性能的研究 [D]．北京：北京工业大学，2013：1~13.

[12] 沈军，张法明，孙剑飞．高能球磨-快速热压烧结工艺制备纳米晶粒 WC-Co 硬质合金 [J]．矿冶工程，2003，23（5）：89~92.

[13] 周永贵，邹仿棱．中国硬质合金工业的历史、现状与发展 [J]．中国钨业，2004，19（5）：62~68.

[14] 张忠健，张璐．中国硬质合金产业从制造大国到强国的发展战略思考 [A]．特种粉末冶金及复合材料制备/加工第一届学术会议论文集 [C]．长沙，2016：20~26.

[15] 黄培云．粉末冶金原理 [M]．北京：冶金工业出版社，1997：1~350.

[16] 阮建明，黄培云．粉末冶金原理 [M]．北京：机械工业出版社，2012：1~355.

[17] Wei Su, Zhu Huang, Xingrun Ren, et al. Investigation on morphology evolution of coarse grained WC-6Co cemented carbides fabricated by ball milling route and hydrogen reduction route [J]. International Journal of Refractory Metals and Hard Materials, 2016, 56: 110~117.

[18] Wei Su, Yexi Sun, Jiao Feng, et al. Influences of the preparation methods of WC-Co powders on

the sintering and microstructure of coarse grained WC-8Co hardmetals [J]. International Journal of Refractory Metals and Hard Materials, 2015, 48: 369~375.

[19] Zhang Li, Chen Shu, Cheng Xin, et al. Effects of cubic carbides and La additions on WC grain morphology, hardness and toughness of WC-Co alloys [J]. Transactions of Nonferrous Metals Society of China, 2012, 22 (7): 1680~1685.

[20] 雷纯鹏. W/WC 粉末的形貌结构及其对 WC-Co 硬质合金组织和性能的影响 [D]. 南昌: 南昌大学, 2014: 13~15.

[21] 郑虎春, 范景莲, 杨文华, 等. VC/Cr_3C_2 及配碳量对 WC-0.5Co 超细硬质合金组织与性能的影响 [J]. 稀有金属材料与工程, 2015, 44 (4): 912~917.

[22] Qiumin Yang, JiangaoYang, HailinYang, et al. The effects of fine WC contents and temperature on the microstructure and mechanical properties of inhomogeneous WC-(fine WC-Co) cemented carbides [J]. Ceramics International, 2016, 42 (16): 18100~18107.

[23] Xiaofeng Li, Yong Liu, Wei Wei, et al. Influence of NbC and VC on microstructures and mechanical properties of WC-Co functionally graded cemented carbides [J]. Materials & Design, 2016, 90: 562~567.

[24] Peng Fan, Zak Fang Z, Jun Guo. A review of liquid phase migration and methods for fabrication of functionally graded cemented tungsten carbide [J]. International Journal of Refractory Metals and Hard Materials, 2013, 36: 2~9.

[25] 鄢强, 梁政, 宋慧瑾, 等. 硬质合金表面 Ti 系涂层退除后的界面性能研究 [J]. 光谱学与光谱分析, 2015, 35 (4): 1089~1093.

[26] Sultan Al-Mutairi, Hashmi M S J, Yilbas B S, et al. Microstructural characterization of HVOF/plasma thermal spray of micro/nano WC-12% Co powders [J]. Surface and Coatings Technology, 2015, 264: 175~186.

[27] Poblano-Salas C A, Cabral-Miramontes J A, Gallegos-Melgar A, et al. Effects of VC additions on the mechanical properties of bimodal WC-Co HVOF thermal sprayed coatings measured by nanoindentation [J]. International Journal of Refractory Metals and Hard Materials, 2015, 48: 167~178.

[28] 石丽秋, 王晓灵, 熊超伟. 球磨时间对双晶结构的 WC-TiC-Co/Ni 硬质合金组织及性能的影响 [J]. 硬质合金, 2015, 32 (3): 155~163.

[29] Xin Deng, Pattersona B R, Chawla K K, et al, A Griffo. Mechanical properties of a hybrid cemented carbide composite [J]. International Journal of Refractory Metals and Hard Materials, 2001, 19 (4): 547~552.

[30] 亓家钟. 蜂窝结构硬质合金 [J]. 粉末冶金技术, 2004, 22 (5): 307.

[31] 张颢. "蜂窝结构" 硬质合金的微观组织、孔隙与强度 [A]. 全国粉末冶金学术会议论文集 [C]. 张家界, 2009: 1452~1458.

[32] 李凡, 邹仿棱. 机械合金化-新型的固态合金化方法 [J]. 机械工程材料, 1999, 23 (4): 22~27.

[33] Rumman Md Raihanuzzaman, Tae Sik Jeong, Reza Ghomashchi, et al. Characterization of short-duration high-energy ball milled WC-Co powders and subsequent consolidations [J]. Journal of Alloys and Compounds, 2014, 615: S564~S568.

[34] Kristin Mandel, Lutz Krüger, Christian Schimpf. Particle properties of submicron-sized WC-12Co processed by planetary ball milling [J]. International Journal of Refractory Metals and Hard Materials, 2014, 42: 200~204.

[35] Jianfei Sun, Faming Zhang, Jun Shen. Characterizations of ball-milled nanocrystalline WC-Co composite powders and subsequently rapid hot pressing sintered cermets [J]. Materials Letters, 2003, 57: 3140~3148.

[36] 覃群, 王天国, 张云宋. 超细 WC-Co 硬质合金复合粉末的研究进展 [J]. 硬质合金, 2010, 27 (4): 311~315.

[37] 陈颢, 李剑波, 羊建高. 硬质合金回收研究进展及发展趋势 [J]. 有色金属科学与工程, 2012, 3 (5): 18~22.

[38] 杨斌, 陈广军, 石安红, 等. 废旧硬质合金短流程回收技术的研究现状 [J]. 材料导报, 2015, 29 (2): 68~74.

[39] Baixiong Liu, Anhong Shi, Qi Su, et al. Recovery of tungsten carbides to prepare the ultrafine WC-Co composite powder by two-step reduction process [J]. Powder Technology, 2017, 306: 113~119.

[40] 石安红, 苏琪, 刘柏雄, 等. 废旧硬质合金高效氧化行为研究 [J]. 稀有金属, 2016, 40 (11): 1138~1144.

[41] Baixiong Liu, Anhong Shi, Gaoling Yang, et al. Recovery of tungsten carbides for preparing ultrafine WC-Co composite powder using core-shell structured precursor synthesized by CVD [J]. International Journal of Refractory Metals & Hard Materials, 2017, 67: 74~81.

[42] 羊建高, 黄伯云, 刘咏. 一种利用废残粗晶硬质合金生产超细 WC-Co 复合粉末的新方法 [J]. 中国钨业, 2003, 18: 35~39.

[43] 宋晓艳, 魏崇斌, 刘雪梅, 等. 一种回收废旧 WC-Co 硬质合金及再生的工业化方法 [P]. 中国: CN201210148978.3, 2012.

[44] 王瑶, 宋晓艳, 刘雪梅, 等. 氧化-还原碳化法回收再生高性能硬质合金的研究 [J]. 稀有金属材料与工程, 2014, 43 (12): 3172~3176.

[45] 王瑶, 刘雪梅, 宋晓艳, 等. 高性能再生硬质合金的短流程回收制备 [J]. 金属学报, 2014, 50 (5): 633~640.

[46] 刘雪梅, 宋晓艳, 魏崇斌, 等. 废旧硬质合金回收制备 WC-Co 复合粉末的新技术 [A]. 第十次全国硬质合金学术会议论文集 [C]. 株洲: 中国钨业协会硬质合金分会, 2011: 125~127.

[47] 羊建高, 谭敦强, 陈颢. 硬质合金 [M]. 长沙: 中南大学出版社, 2012: 140~141.

[48] Zhu Y T, Manthiram A. A new route for the synthesis of tungsten carbide-cobalt nanocomposites [J]. Journal of the American Ceramic Society, 1994, 77 (10): 2777~2778.

[49] Chongbin Wei, Xiaoyan Song, Shixian Zhao, et al. In-situ synthesis of WC-Co composite powder and densification by sinter-HIP [J]. International Journal of Refractory Metals & Hard Materials, 2010, 28: 567~571.

[50] Wenbin Liu, Xiaoyan Song, Jiuxing Zhang, et al. Preparation of ultrafine WC-Co composite powder by in situ reduction and carbonization reactions [J]. International Journal of Refractory Metals & Hard Materials, 2009, 27: 115~120.

[51] Wei C B, Song X Y, Fu J, et al. Effect of heat-treatment of in-situ synthesized composite powder on properties of sintered cemented carbides [J]. Materials Science & Engineering A, 2013, 566: 96~101.

[52] 魏崇斌. 超细 WC-Co 复合粉的原位合成与高性能硬质合金的制备研究 [D]. 北京: 北京工业大学, 2013: 25~100.

[53] 魏崇斌. WC-Co 硬质合金短流程制备技术的研究 [D]. 北京: 北京工业大学, 2010: 1~62.

[54] 刘原. 结构遗传在钨粉还原和碳化中的作用及其在制备超细/纳米钨粉和碳化钨粉中的应用 [D]. 南昌: 南昌大学, 2012: 1~77.

[55] Zongyin Zhang, Sverker Wahlberg, Mingsheng Wang, et al. Processing of nanostructured WC-Co powder from precursor obtained by co-precipitation [J]. Nanostructured Materials, 1999, 12: 163~166.

[56] Nan Lin, Yuehui He, Chonghu Wu, et al. Fabrication of tungsten carbide-vanadium carbide core-shell structure powders and their application as an inhibitor for the sintering of cemented carbides [J]. Scripta Materialia, 2012, 67: 826~829.

[57] Li Y, Xie K, Ye J, et al. Preparation of core-shell WC-Co composite powder [J]. Materials Research Innovations, 2014, 18 (4): 289~293.

[58] 李延俊, 廖立, 谢克难, 等. 超细 WC-Co 硬质合金粉末的制备及其致密化研究 [J]. 功能材料, 2013, 44 (8): 1102~1105.

[59] 李延俊, 廖立, 谢克难, 等. 超细 WC/Co 粉末及其烧结体的制备与表征 [J]. 四川化工, 2013, 16 (1): 5~8.

[60] 廖立, 谢克难, 汪玉洁, 等. 新型核壳结构纳米复合粉的制备 [J]. 四川化工, 2010, 13 (1): 4~5.

[61] Thakur A D, Ghosh Chaudhuri M, Das G C, et al. In Situ Synthesis of Nanostructured WC-Co Within Silica Gel Matrix [J]. International Journal of Applied Ceramic Technology, 2014, 11 (3): 582~589.

[62] 杨在志, 傅小明. 纳米 WC-Co 复合粉的制备技术及研究现状 [J]. 中国钨业, 2010, 25 (6): 35~38.

[63] Falkovsky V, Blagoveschenski Y, Glushkov V, et al. Nanocrystalline WC-Co hardmetals produced by plsamochemical method [C]. 15# International Plansee Seminar, 2001, 2: 91~96.

[64] 邹仿棱. 纳米钨和 WC-Co 粉末制备技术的现状与发展趋势 [J]. 粉末冶金材料科学与工

程, 2005, 10 (4): 198~202.

[65] Ryu T, Sohn H Y, Hwang K S, et al. Plasma synthesis of tungsten carbide and cobalt nanocomposite powder [J]. Journal of Alloys and Compounds, 2009, 481 (1): 274~277.

[66] Raghunathan S, Bourell D L. Synthesis and evaluation of advanced nanocrystalline tungsten-based materials [J]. P/M Science & Technology Briefs, 1999, 1 (1): 9~14.

[67] Zaytsev A A, Borovinskaya I P, Vershinnikov V I, et al. Near-nano and coarse-grain WC powders obtained by the self-propagatinghigh-temperature synthesis and cemented carbides on their basis. Part I: Structure, composition and properties of WC powders [J]. International Journal of Refractory Metals and Hard Materials, 2015, 50: 146~151.

[68] Zaitsev A A, Vershinnikov V I, Konyashin I, et al. Cemented carbides from WC powders obtained by the SHS method [J]. Materials Letters, 2015, 158: 329~332.

[69] Sakaki M, Behnami A K, Bafghi M S. An investigation of the fabrication of tungsten carbide-alumina composite powder from WO_3, Al and C reactants through microwave-assisted SHS process [J]. International Journal of Refractory Metals and Hard Materials, 2014, 44: 142~147.

[70] Kear B H, McCandlish L E. Chemical processing and properties of nanostructured WC-Co materials [J]. Nanostructured Materials, 1993, 3 (1~6): 19~30.

[71] McCandlish L E, Kear B H, Kim B K. Chemical processing of nanophase WC-Co composite powders [J]. Materials Science and Technology, 1990, 6 (10): 953~957.

[72] Xiong Zhen, Shao Gangqin, Shi Xiaoliang, et al. Ultrafine hardmetals prepared by WC-10wt. % Co composite powder [J]. International Journal of Refractory Metals and Hard Materials, 2008, 26 (3): 242~250.

[73] Shi X L, Shao G Q, Duan X L, et al. Mechanical properties, phases and microstructure of ultrafine hardmetals prepared by WC-6. 29Co nanocrystalline composite powder [J]. Materials Science and Engineering: A, 2005, 392 (1): 335~339.

[74] Shi X L, Shao G Q, Duan X L, et al. Characterizations of WC-10Co nanocomposite powders and subsequently sinterhip sintered cemented carbide [J]. Materials characterization, 2006, 57 (4): 358~370.

[75] Lin Hua, Sun Jianchun, Li Chunhong, et al. A facile route to synthesize WC-Co nanocomposite powders and properties of sintered bulk [J]. Journal of Alloys and Compounds, 2016, 682: 531~536.

[76] Lin Hua, Tao Bowan, Li Qing, et al. In situ synthesis of WC-Co nanocomposite powder via core-shell structure formation [J]. Materials Research Bulletin, 2012, 47 (11): 3283~3286.

[77] Lin Hua, Tao Bowan W, Xiong Jie, et al. Synthesis and characterization of WC-VC-Co nanocomposite powders through thermal-processing of a core-shell precursor [J]. Ceramics International, 2013, 39 (8): 9671~9675.

[78] 崔佳娜. 我国硬质合金烧结设备的发展 [J]. 中国钨业, 2009, 24 (6): 47~49.

[79] 胡启明, 洪溵程. 硬质合金氢气烧结麻面的形成机理研究 [J]. 硬质合金, 2001, 18

(1)：8~11.

[80] 洪潋程，李学芳．硬质合金氢气烧结的变形机理及其控制［J］．硬质合金，2000，17（3）：156~160.

[81] 袁明健，顾金宝．氢气脱蜡工艺与原料 WC 碳量的选择［J］．硬质合金，2010，27（5）：293~297.

[82] 薛林，谭千榆，颜娟．氢气脱蜡烧结硬质合金性能稳定方法探讨［J］．稀有金属与硬质合金，2017，45（3）：59~64.

[83] 刘勇．真空烧结温度对 WC-8%Ni 硬质合金显微组织和力学性能的影响［J］．稀有金属与硬质合金，2017，45（2）：69~74.

[84] Chang S H，Chang M H，Huang K T. Study on the sintered characteristics and properties of nanostructured WC-15 wt%（Fe-Ni-Co）and WC-15 wt% Co hard metal alloys［J］. Journal of Alloys and Compounds，2015，649：89~95.

[85] 陈慧，栾道成，李力，等．HIP 后续烧结对超细 WC-Co 硬质合金性能的影响［J］．硬质合金，2012，29（2）：101~105.

[86] Xiangkui Zhou，Zhifeng Xu，Kai Wang，et al. One-step Sinter-HIP method for preparation of functionally graded cemented carbide with ultrafine grains［J］. Ceramics International，2016，42：5362~5367.

[87] 杜伟，聂洪波，吴冲浒．烧结工艺对低 Co 超细晶硬质合金性能的影响［J］．粉末冶金材料科学与工程，2010，15（6）：650~655.

[88] Hui Wang，Meiqin Zeng，Jiangwen Liu，et al. One-step synthesis of ultrafineWC-10Co hardmetals with VC/V_2O_5 addition by plasma assisted milling［J］. International Journal of Refractory Metals and Hard Materials，2015，48：97~101.

[89] Chao Liu，Nan Lin，Yuehui He，et al. The effects of micron WC contents on the microstructure and mechanical properties of ultrafine WC-（micron WC-Co）cemented carbides［J］. Journal of Alloys and Compounds，2014，594：76~81.

[90] Agrawal D K. Microwave processing of ceramics［J］. Current Opinion in Solid State and Materials Science，1998，3（5）：480~485.

[91] 易健宏，鲍瑞，张浩泽，等．一种微波烧结制备 WC-Co 硬质合金的方法［P］．中国：CN102382997B，2013. 2. 27.

[92] 鲍瑞，易健宏，李凤仙，等．一种用微波反应烧结制备 WC-Co 硬质合金的方法［P］．中国：ZL201310729889. 2，2016. 2. 24.

[93] 鲍瑞．WC-Co 硬质合金的微波烧结制备研究［D］．长沙：中南大学，2013：24~115.

[94] Rui Bao，Jianhong Yi，Yuandong Peng，et al. Effects of microwave sintering temperature and soaking time on microstructure of WC-8Co［J］. Transactions of Nonferrous Metals Society of China，2013，23（2）：372~376.

[95] Rui Bao，Jianhong Yi，Yuandong Peng，et al. Decarburization and improvement of ultra fine straight WC-8Co sintered via microwave sintering［J］. Transactions of Nonferrous Metals

Society of China, 2012, 22 (4): 853~857.

[96] 鲍瑞，易健宏．微波烧结技术在硬质合金制备中的应用 [J]. 中国有色金属学报，2014, 24 (6): 1544~1561.

[97] Rui Bao, Jianhong Yi. Densification and alloying of microwave sintering WC-8wt. % Co composites [J]. International Journal of Refractory Metals and Hard Materials, 2014, 43: 269~275.

[98] Rui Bao, Jianhong Yi, Haoze Zhang, et al. A research on WC-8Co preparation by microwave sintering [J]. International Journal of Refractory Metals and Hard Materials, 2012, 32: 16~20.

[99] Rui Bao, Jianhong Yi. Effect of sintering atmosphere on microwave prepared WC-8wt. % Co cemented carbide [J]. International Journal of Refractory Metals and Hard Materials, 2013, 41: 315~321.

[100] 郭圣达，易健宏，鲍瑞．放电等离子烧结制备钨钴硬质合金的研究现状 [J]. 中国钨业，2015, 30 (6): 35~41.

[101] Mirva Eriksson, Mohamed Radwan, Zhijian Shen. Spark plasma sintering of WC, cemented carbide and functional graded materials [J]. International Journal of Refractory Metals and Hard Materials, 2013, 36: 31~37.

[102] 魏崇斌，宋晓艳，王社权，等．超细 WC-Co 复合粉制备及快速烧结技术研究进展 [J]. 硬质合金，2015.4, 32 (2): 119~125.

[103] 王冲，邵刚勤，段兴龙．纳米复合 WC-Co 粉末成型与烧结研究进展 [J]. 硅酸盐通报，2015, 1: 97~100.

[104] 赵海锋，朱丽慧，黄清伟．放电等离子技术快速烧结纳米 WC-10%Co-0. 8%VC 硬质合金 [J]. 稀有金属材料与工程，2005, 34 (1): 82~85.

[105] 解迎芳，王兴庆，陈立东，等．放电等离子烧结纳米硬质合金的研究 [J]. 硬质合金，2003, 20 (3): 138~142.

[106] 夏阳华，丰平，胡耀波，等．SPS 技术的进展及其在硬质合金制备中的应用 [J]. 硬质合金，2003, 20 (4): 216~218.

[107] 史晓亮，邵刚勤，段兴龙，等．纳米复合 WC-6Co 粉末的快速烧结 [J]. 稀有金属材料与工程，2005, 34 (8): 1283~1286.

[108] 刘文彬．WC-Co 复合粉的原位合成与块体硬质合金的烧结 [D]. 北京：北京工业大学，2009: 20~100.

[109] 赵静，解迎芳．放电等离子烧结压力对 92WC-8Co 纳米硬质合金组织及性能的影响 [J]. 稀有金属与硬质合金，2011, 39 (2): 54~59.

[110] 郝权，何新波，曲选辉．放电等离子烧结制备超细 WC-Co 硬质合金 [J]. 北京科技大学学报，2008, 6 (30): 644~647.

[111] 赵世贤，宋晓艳，魏崇斌，等．放电等离子烧结不同粒径匹配的 WC-Co 混合粉末 [J]. 材料科学与工程，2010, 2 (15): 32~37.

[112] Wei C B, Song X Y, Fu J. Microstructure and properties of ultrafine cemented carbides-

Difference in spark plasma sintering and sinter-HIP [J]. Materials Science and Engineering A, 2012, 552: 427~433.

[113] 王明胜，宋晓艳，赵世贤，等. 烧结温度和粉末预处理对SPS制备超细晶硬质合金的影响 [J]. 功能材料，2007，38 (9)：1519~1522.

[114] Xiaokun Yuan, Xiaoyan Song, Harry Chien. Effect of densification mechanism on the Σ2 grain boundary plane distribution in WC-Co composites [J]. Materials Letters, 2013, 92: 86~89.

[115] Perezhogin I A, Kulnitskiy B A, Grishtaeva A E. Transformations in WC lattice and polytype formation in the process of sintering of W/C60 mixture [J]. International Journal of Refractory Metals and Hard Materials, 2015, 48: 115~119.

[116] Cha SI, Hong SH, Kim BK. Spark plasma sintering behavior of nanocrystalline WC-10Co cemented carbide powders [J]. Materials Science and Engineering A, 2003, 351: 31~38.

[117] Sivaprahasam D, Chandrasekar SB, Sundaresan R. Microstructure and mechanical properties of nanocrystalline WC-12Co consolidated by spark plasma sintering. International Journal of Refractory Metals and Hard Materials, 2007, 25: 144~152.

[118] Huang SG, Vanmeensel K, Li L. Tailored sintering of VC-doped WC-Co cemented carbides by pulsed electric current sintering [J]. International Journal of Refractory Metals and Hard Materials, 2008, 26: 256~262.

[119] Liu X, Song X, Zhang J. Temperature distribution and neck formation of WC-Co combined particles during spark plasma sintering [J]. Materials Science and Engineering A, 2008, 488: 1~7.

[120] 冯海波. 放电等离子烧结技术的原理及应用 [J]. 材料科学与工艺，2003，11 (3)：327~331.

[121] AL-Aqeeli N. Characterization of nano-cemented carbide Co-doped with vanadium and chromium carbides [J]. Powder Technology, 2015, 273: 47~53.

[122] Al-Aqeeli N, Mohammad K, Laoui T. The effect of variable binder content and sintering temperatures on the mechanical properties of WC-Co-VC/Cr_3C_2 anocomposites [J]. Materials and Manufacturing Processes, 2014, 34: 238~244.

[123] Al-Aqeeli A, Mohammad K, Laoui T. VC and Cr_3C_2 doped WC-based nanocermets prepared by MA and SPS [J]. Ceramics International, 2014, 40 (8): 11759~11765.

[124] Bonache V, Salvador M D, Fernández A. Fabrication of full density near-nanostructure cemented carbides by combination of VC/Cr3C2 addition and consolidation by SPS and HIP technologies [J]. International Journal of Refractory Metals & Hard Materials, 2011, 29: 202~208.

[125] Bonache V, Salvador M D, Rocha V G. Microstructural control of ultrafine and nanocrystalline WC-12Co-VC/Cr3C2 mixture by spark plasma sintering [J]. Ceramics International, 2011, 37: 1139~1142.

[126] Zak Fang Z, Xu Wang, Taegong Ryu, et al. Synthesis, sintering, and mechanical properties of nanocrystalline cemented tungsten carbide - A review [J]. International Journal of Refractory

Metals & Hard Materials, 2009, 27: 288~299.

[127] Huang SG, Li L, Vanmeensel K. VC, Cr_3C_2 and NbC doped WC-Co cemented carbides prepared by pulsed electric current sintering [J]. International Journal of Refractory Metals and Hard Materials, 2007, 25: 417~422.

[128] Xingqing W, Yinfang X, Hailiang G. Sintering of WC-Co powder with nanocrystalline WC by spark plasma sintering [J]. Rare Metals, 2006, 25 (3): 246~253.

[129] Zhao S, Song X, Wei C. Effects of WC particle size on densification and properties of spark plasma sintered WC-Co cermets [J]. International Journal of Refractory Metals and Hard Materials, 2009, 27: 1014~1018.

[130] Sungkyu Lee, Hyun Seon Hong, Hyo-Seob Kin. Spark plasma sintering of WC-Co tool materials prepared with emphasis on WC core-Co shell structure development [J]. International Journal of Refractory Metals and Hard Materials, 2015, 53: 41~45.

[131] Gonzalez E J, Piermarini E J. Low-temperature compaction of nanosize powders [J]. Handbook of nanostructured materials and nanotechnology, 1999, 1: 215~249.

[132] 王凯，宋晓艳，张久兴. SPS原位反应快速制备WC-6Co硬质合金的研究 [J]. 稀有金属与硬质合金，2006. 12, 34 (4): 17~21.

[133] Md Raihanuzzaman Rumman, Zonghan Xie, Soon-Jik Hong. Effect of spark plasma sintering pressure on mechanical properties of WC-7. 5wt% Nano Co [J]. Materials and Design, 2015, 28: 221~227.

[134] 孙兰，李长案，贾成厂. 放电等离子烧结压力对超细WC-Co硬质合金性能的影响 [J]. 硬质合金，2012, 29 (1): 19~23.

[135] 李志林，朱丽慧，刘一雄，等. 压力对放电等离子烧结硬质合金性能的影响 [J]. 粉末冶金工业，2009, 19 (1): 16~19.

[136] Seong Jin Park , Kristina Cowan , John L. Grain size measurement methods and models for nanograined WC-Co [J]. International Journal of Refractory Metals & Hard Materials, 2008, 26: 152~163.

[137] Antonio Mario Locci, Roberto Orrù, Giacomo Cao. Simultaneous spark plasma synthesis and consolidation of WC/Co composites [J]. Journal of Materials Research, 2005, 20 (3): 734~741.

[138] 郭圣达，鲍瑞，易健宏，等. SPS原位碳化合成WC-6Co硬质合金 [J]. 中国钨业，2016, 31 (6): 13~18.

[139] 易丹青，陈丽勇，刘会群，等. 硬质合金电化学腐蚀行为的研究进展 [J]. 硬质合金，2012, 29 (4): 238~253.

[140] Shengda Guo, Rui Bao, Jiangao Yang, et al. Effect of Mo and Y_2O_3 additions on the microstructure and properties of fine WC-Co cemented carbides fabricated by spark plasma sintering [J]. International Journal of Refractory Metals and Hard Materials, 2017, 69: 1~10.

[141] Hochstrasser (-Kurz) S, Muellera Y, Latkoczyc C, et al. Analytical characterization of the

corrosion mechanisms of WC-Co by electrochemical methods and inductively coupled plasma mass spectroscopy [J]. Corrosion Science, 2007, 49 (4): 2002~2020.

[142] Chenghong Yi, Hongyuan Fan, Ji Xiong, et al. Effect of WC content on the microstructures and corrosion behavior of Ti (C, N) -based cermets [J]. Ceramics International, 2013, 39: 503~509.

[143] 曹楚南. 腐蚀电化学原理 [M]. 北京: 化学工业出版社, 2008: 1~268.

[144] 曹楚南, 张鉴清. 电化学阻抗谱导论 [M]. 北京: 科学出版社, 2002: 1~191.

[145] Benedetto Bozzini, Bertrand Busson, Gian Pietro De Gaudenzi, et al. Corrosion of cemented carbide grades in petrochemical slurries. Part I - Electrochemical adsorption of CN^-, SCN^- and MBT: A study based on in situ SFG [J]. International Journal of Refractory Metals and Hard Materials, 2016, 60: 37~51.

[146] Zhang Qiankun, Lin Nan, He Yuehui. Effects of Mo additions on the corrosion behavior of WC-TiC-Ni hardmetals in acidic solutions [J]. International Journal of Refractory Metals and Hard Materials, 2013, 38: 15~25.

[147] Hellsing M. High resolution microanalysis of binder phase in as sintered WC-Co cemented carbides [J]. Materials Science and Technology, 1988, 4 (9): 824~829.

[148] Li Zhang, Yi Chen, Qing-lei Wan, et al. Electrochemical corrosion behaviors of straightWC-Co alloys: Exclusive variation in grain sizes and aggressive media [J]. International Journal of Refractory Metals and Hard Materials, 2016, 57: 70~77.

[149] Tomlinson W J, Ayerst N J. Anodic polarization and corrosion of WC-Co hardmetals containing small amounts of Cr_3C_2 and/or VC [J]. Journal of materials science, 1989, 24 (7): 2348~2352.

[150] Human A M, Exner H E. The relationship between electrochemical behaviour and in-service corrosion of WC based cemented carbides [J]. International Journal of Refractory Metals and Hard Materials, 1997, 15 (1~3): 65~71.

[151] Kellner F J J, Hildebrand H, Virtanen S. Effect of WC grain size on the corrosion behavior of WC-Co based hardmetals in alkaline solutions [J]. International Journal of Refractory Metals and Hard Materials, 2009, 27 (4): 806~812.

[152] Human A M, Exner H E. Electrochemical behaviour of tungsten-carbide hardmetals [J]. Materials Science and Engineering: A, 1996, 209 (1~2): 180~191.

[153] Wei Tang, Li Zhang, Yi Chen, et al. Corrosion and strength degradation behaviors of binderless WC material and WC-Co hardmetal in alkaline solution: A comparative investigation [J]. International Journal of Refractory Metals and Hard Materials, 2017, 68: 1~8.

[154] Potgieter J H, Thanjekwayo N, Olubambi P, et al. Influence of Ru additions on the corrosion behaviour of WC-Co cemented carbide alloys in sulphuric acid [J]. International Journal of Refractory Metals and Hard Materials, 2011, 29 (4): 478~487.

[155] Thanjekwayo N. The influence of Ru additions on the corrosion behaviour of WC-Co cemented

carbide in corrosive media [D]. Witwatersrand: University of the Witwatersrand, 2010: 25~89.

[156] Konadu D S, van der Merwe J, Potgieter J H, et al. The corrosion behaviour of WC-VC-Co hardmetals in acidic media [J]. Corrosion Science, 2010, 52: 3118~3125.

[157] Sutha Sutthiruangwong, Gregor Mori. Corrosion properties of Co-based cemented carbides in acidic solutions [J]. International Journal of Refractory Metals and Hard Materials, 2003, 21 (3): 135~145.

[158] Tomlinson W J, Molyneux I D. Corrosion, erosion-corrosion, and the flexural strength of WC-Co hardmetals [J]. Journal of materials science, 1991, 26 (6): 1605~1608.

[159] Scholl H, Hofman B, Rauscher A. Anodic polarization of cemented carbides of the type [(WC, M): M= Fe, Ni or Co] in sulphuric acid solution [J]. Electrochimica acta, 1992, 37 (3): 447~452.

[160] Nan Lin, Yuehui He, ChonghuWu, et al. Influence of TiC additions on the corrosion behaviour of WC-Co hardmetals in alkaline solution [J]. International Journal of Refractory Metals and Hard Materials, 2014, 46: 52~57.

[161] Mori G, Zitter H, Lackner A, et al. Influence of corrosion resistance of cemented carbides by addition of Cr_3C_2, TiC and TaC [C]. 15# International Plansee Seminar, 2001, 2: 222~236.

[162] Sunmog Yeo, Dong-Jin Kim, Jae-Won Park. Enhanced corrosion resistance of WC-Co with an ion beam mixed silicon carbide coating [J]. International Journal of Refractory Metals and Hard Materials, 2011, 29 (5): 582~585.

[163] Roebuck B, Bennett E G. Hardmetal toughness tests: Vamas interlaboratory exercise [M]. National Physical Laboratory Teddington, 2005: 1~10.

[164] Tarragó J M, Coureaux D, Torres Y, et al. Implementation of an effective time-saving two-stage methodology for microstructural characterization of cemented carbides [J]. International Journal of Refractory Metals and Hard Materials, 2016, 55: 80~86.

[165] 李勇, 龙坚战. WC-Co 硬质合金磁性能与晶粒尺寸之间的关系 [J]. 硬质合金, 2010, 27 (4): 195~198.

[166] Walid M Daoush, Hee S Park, Kyong H Lee, et al. Effect of binder compositions on microstructure, hardness and magnetic properties of (Ta, Nb) C-Co and (Ta, Nb) C-Ni cemented carbides [J]. International Journal of Refractory Metals and Hard Materials, 2009, 27 (4): 669~675.

[167] 叶大伦, 胡建华. 实用无机物热力学数据手册 [M]. 北京: 冶金工业出版社, 2002: 1~1200.

[168] 刘柏雄, 王金淑, 李洪义, 等. 空心介孔 WO_3 球的制备及光催化性能 [J]. 无机化学学报, 2012, 28 (3): 465~470.

[169] 崔云涛, 王金淑, 刘伟, 等. 喷雾干燥法制备球形钨粉及还原过程的研究 [J]. 稀有金

属材料与工程，2011，40（3）：507～510.

[170] 朱二涛，羊建高，邓军旺，等．不同钨源原料制备 WC-Co 复合粉的形貌研究［J］．有色金属科学与工程，2014，5（6）：38～46.

[171] 朱二涛，羊建高，戴煜，等．喷雾干燥-煅烧制备钨钴氧化物粉末的反应机理［J］．粉末冶金材料科学与工程，2015，20（2）：175～181.

[172] Baixiong Liu，Jinshu Wang，Hongyi Li，et al. Facile synthesis of hierarchical hollow mesoporous Ag/WO_3 spheres with high photocatalytic performance［J］．Journal of nanoscience and nanotechnology，2013，13（6）：4117～4122.

[173] 郭圣达，羊建高，吕健，等．喷雾转化法纳米 WC/6Co 复合粉形貌研究［J］．稀有金属，2015，39（1）：43～48.

[174] Luo P，Nieh T G. Preparing hydroxyapatite powders with controlled morphology［J］．Biomaterials，1996，17（20）：1959～1964.

[175] 郭圣达，羊建高，陈颢，等．纳米 WC-Co 复合粉末形貌的影响因素［J］．粉末冶金材料科学与工程，2014，19（6）：1000～1005.

[176] 游峰，范景莲，田家敏，等．喷雾干燥和一步氢还原制备超细钨粉工艺的研究［J］．中国钨业，2008，23（6）：15～18.

[177] 王海滨，宋晓艳，刘雪梅，等．WC-Co 复合粉的喷雾造粒及松装密度的影响因素［J］．中国有色金属学报，2012，11/22（11）：3241～3248.

[178] 羊建高，吕健，朱二涛，等．连续还原碳化法制备纳米 WC-Co 复合粉研究［J］．有色金属科学与工程，2013，4（5）：23～27.

[179] 朱二涛，羊建高，郭圣达，等．直接碳化与煅烧-碳化工艺对 WC-Co 复合粉性能的影响［J］．硬质合金，2014，2：77～85.

[180] 万庆磊，张立，王喆，等．WC-Co 合金在不同介质中的电化学腐蚀行为与腐蚀机理研究［J］．硬质合金，2014，31（4）：201～208.

[181] 朱二涛．纳米 WC-6Co 复合粉碳量控制研究［D］．赣州：江西理工大学，2014：1～74.

[182] Wei Su，Yexi Sun，Hailin Yang，et al. Effects of TaC on microstructure and mechanical properties of coarse grained WC-9Co cemented carbides［J］．Transactions of Nonferrous Metals Society of China，2015，25（4）：1194～1199.

[183] Jinmyung Kim，Shinhoo Kang. WC platelet formation via high-energy ball mill［J］．International Journal of Refractory Metals and Hard Materials，2014，47：108～112.

[184] 黄继武，李周．多晶材料 X 射线衍射——实验原理、方法与应用［M］．北京：冶金工业出版社，2012：1～136.

[185] Shengda Guo，Jiangao Yang，Hao Chen，et al. Preparation and Electrocatalytic Activity of Nanophase WC-Co Composite Powder and WC powder with Spherical Shell Structure［J］．Materials Science Forum. 2015，816：694～698.

[186] 王学宝，李晋庆，罗运军．石墨烯气凝胶/环氧树脂复合材料的制备及导电性能［J］．复合材料学报，2013，30（6）：1～6.

[187] Wei Su, Yexi Sun, Jue Liu, et al. Effects of Ni on the microstructures and properties of WC-6Co cemented carbides fabricated by WC-6 (Co, Ni) composite powders [J]. Ceramics International, 2015, 41 (2): 3169~3177.

[188] Nanda Kumar A K, Kazuya Kurokawa. Spark Plasma Sintering of Ultrafine WC Powders: A Combined Kinetic and Microstructural Study [M]. INTECH Open Access Publisher, 2012: 29~64.

[189] Nahideh Salehifar, Alireza Nikfarjam. Improvement the visible light photocatalytic activity of gold nanoparticle, Co_2O_3 and nitrogen doped TiO_2 nanofibers [J]. Materials Letters, 2017, 188: 59~62.

[190] Wenbin Liu, Xiaoyan Song, Jiuxing Zhang, et al. Thermodynamic analysis for in situ synthesis of WC-Co composite powder from metal oxides [J]. Materials Chemistry and Physics, 2008, 109: 235~240.

[191] Ban Z G, Shaw L L. On the reaction sequence of WC-Co formation using an integrated mechanical and thermal activation process [J]. Acta materialia, 2001, 49 (15): 2933~2939.

[192] Qiumin Yang, Jiangao Yang, Hailin Yang, et al. Synthesis of ultrafine WC-Co composite powders under hydrogen atmosphere with in situ carbon via a one-step reduction-carbonization process [J]. International Journal of Applied Ceramic Technology, 2017, 14 (2): 220~227.

[193] 郭圣达, 羊建高, 陈颢, 等. 直接碳化原位合成WC-Co复合粉的反应过程 [J]. 功能材料, 2015, 46 (5): 5128~5132.

[194] Ping Li, Zhiwei Liu, Liqun Cui, et al. Tungsten carbide synthesized by low-temperature combustion as gas diffusion electrode catalyst [J]. International journal of hydrogen energy, 2014, 39 (21): 10911~10920.

[195] Liu Zilan, Li Qiang, Zhang Qinzhao, et al. Synthesis of ultrafine WC-Co composites by integrated mechanical and thermal activation process [J]. Chinese Journal of Nonferrous Metals, 2005, 15 (6): 929~934.

[196] Gillet M, Delamare R, Gillet E. Growth, structure and electrical properties of tungsten oxide nanorods [J]. The European Physical Journal D-Atomic, Molecular, Optical and Plasma Physics, 2005, 34 (1): 291~294.

[197] 吴桐, 唐建成, 叶楠, 等. 碳辅助氢还原制备纳米钨粉的工艺及机理 [J]. 中国有色金属学报, 2013, 26 (5): 1027~1033.

[198] 叶楠, 唐建成, 卓海鸥, 等. 添加碳对氧化钨氢还原制备纳米钨粉的影响 [J]. 稀有金属材料与工程, 2016, 45 (9): 2403~2408.

[199] Xiang Zhang, Jianhua Zhou, Nan Lin, et al. Effects of Ni addition and cyclic sintering on microstructure and mechanical properties of coarse grained WC-10Co cemented carbides [J]. International Journal of Refractory Metals and Hard Materials, 2016, 57: 64~69.

[200] 郭圣达, 鲍瑞, 刘亮, 等. 原位合成复合粉制备超细WC-Co硬质合金 [J]. 稀有金属材

料与工程, 2017, 46 (12): 1~7.

[201] Ou X Q, Song M, Shen T T, et al. Fabrication and mechanical properties of ultrafine grained WC-10Co-0.45 Cr_3C_2-0.25 VC alloys [J]. International Journal of Refractory Metals and Hard Materials, 2011, 29 (2): 260~267.

[202] Shen T T, Xiao D H, Ou X Q, et al. Effects of LaB_6 addition on the microstructure and mechanical properties of ultrafine grained WC-10Co alloys [J]. Journal of Alloys and Compounds, 2011, 509 (4): 1236~1243.

[203] Omayma A M El-Kady. Effect of nano-yttria addition on the properties of WC/Co composites [J]. Materials & Design, 2013, 52: 481~486.

[204] Yong Liu, Xiaofeng Li, Jianhua Zhou, et al. Effects of Y_2O_3 addition on microstructures and mechanical properties of WC-Co functionally graded cemented carbides [J]. International Journal of Refractory Metals and Hard Materials, 2015, 50: 53~58.

[205] Satyanarayana V Emani, Chuanlong Wang, Leon L Shaw, et al. On the hardness of submicrometer-sized WC-Co materials [J]. Materials Science and Engineering: A, 2015, 628: 98~103.

[206] 吝楠, 吴冲浒, 张端锋, 等. Cu 部分代 Co 超细硬质合金研究 [J]. 材料研究学报, 2011, 25 (6): 667~672.

[207] Nan Lin, Yuehui He, Chonghu Wu, et al. Influence of copper content on the microstructure and hardness of copper-doped tungsten carbide-cobalt bulk at the elevated temperature [J]. International Journal of Refractory Metals and Hard Materials, 2013, 38: 140~143.

[208] Lin N, Jiang Y, Zhang D F, et al. Effect of Cu, Ni on the property and microstructure of ultrafine WC-10Co alloys by sinter-hipping [J]. International Journal of Refractory Metals and Hard Materials, 2011, 29 (4): 509~515.

[209] Ning Liu, Yudong Xu, Zhenhong Li, et al. Influence of molybdenum addition on the microstructure and mechanical properties of TiC-based cermets with nano-TiN modification [J]. Ceramics international, 2003, 29 (8): 919~925.

[210] 王丽利, 李海艳, 刘宁. 添加金属 Mo 对 WC-Co 硬质合金组织和性能的影响 [J]. 稀有金属与硬质合金, 2010, 38 (2): 31~35.

[211] Anselmi-Tamburini U, Gennari S, Garay J E, et al. Fundamental investigations on the spark plasma sintering/synthesis process: II. Modeling of current and temperature distributions [J]. Materials Science and Engineering: A, 2005, 394 (1): 139~148.

[212] Jian Chen, Wei Liu, Xin Deng, et al. Effects of Mo and VC on the Microstructure and Properties of Nano-Cemented Carbides [J]. Science of Sintering, 2016, 48 (1): 41~50.

[213] Mukhopadhyay A, Chakravarty D, Basu B. Spark Plasma-Sintered WC-ZrO_2-Co Nanocomposites with High Fracture Toughness and Strength [J]. Journal of the American Ceramic Society, 2010, 93 (6): 1754~1763.

[214] Shih-Hsien Chang, Po-Yu Chang. Investigation into the sintered behavior and properties of

nanostructured WC-Co-Ni-Fe hard metal alloys [J]. Materials science and engineering: A, 2014, 606: 150~156.

[215] Sun Lan, Yang Tian' en, Jia Chengchang, et al. VC, Cr_3C_2 doped ultrafine WC-Co cemented carbides prepared by spark plasma sintering [J]. International Journal of Refractory Metals and Hard Materials, 2011, 29 (2): 147~152.

[216] Shih-Hsien Chang, Song-Ling Chen. Characterization and properties of sintered WC-Co and WC-Ni-Fe hard metal alloys [J]. Journal of Alloys and Compounds, 2014, 585: 407~413.

[217] Zihao Lin, Ji Xiong, Zhixing Guo, et al. Effect of Mo_2C addition on the microstructure and fracture behavior of (W, Ti) C-based cemented carbides [J]. Ceramics International, 2014, 40 (10): 16421~16428.

[218] Lin N, Wu C H, He Y H, et al. Effect of Mo and Co additions on the microstructure and properties of WC-TiC-Ni cemented carbides [J]. International Journal of Refractory Metals and Hard Materials, 2012, 30 (1): 107~113.

[219] Rumman Md Raihanuzzaman, Seung-Taek Han, Reza Ghomashchi, et al. Conventional sintering of WC with nano-sized Co binder: Characterization and mechanical behavior [J]. International Journal of Refractory Metals and Hard Materials, 2015, 53: 2~6.

[220] 潘永智，艾兴，赵军，等. 超细晶硬质合金的高速摩擦磨损特性研究 [J]. 摩擦学学报，2008，28 (1)：78-82.

[221] Vilhena L M, Fernandes C M, Soares E, et al. Abrasive wear resistance of WC-Co and WC-AISI 304 composites by ball-cratering method [J]. Wear, 2016, 346~347: 99~107.

[222] Espinosa L, Bonache V, Salvador M D. Friction and wear behaviour of WC-Co-Cr_3C_2-VC cemented carbides obtained from nanocrystalline mixtures [J]. Wear, 2011, 272: 62~68.

[223] Bounhoure V, Lay S, Coindeau S, et al. Effect of Cr addition on solid state sintering of WC-Co alloys [J]. International Journal of Refractory Metals and Hard Materials, 2015, 52: 21~28.

[224] 刘雪梅，宋晓艳，张久兴，等. 放电等离子烧结制备 WC-Co 硬质合金温度分布的数值模拟 [J]. 中国有色金属学报，2008，18 (2)：221~225.

[225] 朱斌，柏振海，高阳，等. WC 晶粒对 WC-15Fe-5Ni 硬质合金组织与性能的影响 [J]. 中国有色金属学报，2016，26 (5)：1065~1074.

[226] Upadhyaya G S. Materials science of cemented carbides-an overview [J]. Materials and Design, 2001, 22: 483~489.

[227] Shen Tingting, Xiao Daihong, Ou Xiaoqin, et al. Preparation of ultrafine WC-10Co composite powders by reduction and carbonization [J]. Journal of Central South University, 2013, 20: 2090~2095.

[228] Konyashin I, Hlawatschek S, Ries B, et al. Co drifts between cemented carbides having various WC grain sizes [J]. Materials Letters, 2016, 167: 270~273.

[229] Garay J E. Current-activated, pressure-assisted densification of materials [J]. Annual review of materials research, 2010, 40: 445~468.

[230] Dmytro Demirskyi, Hanna Borodianska, Dinesh Agrawal, et al. Peculiarities of the neck growth process during initial stage of spark-plasma, microwave and conventional sintering of WC spheres [J]. Journal of Alloys and Compounds, 2012, 523: 1~10.

[231] Wei Tang, Li Zhang, Jifei Zhu, et al. Effect of direct current patterns on densification and mechanical properties of binderless tungsten carbides fabricated by the spark plasma sintering system [J]. International Journal of Refractory Metals and Hard Materials, 2017, 64: 90~97.

[232] 申婷婷. 超细晶 WC-Co 及 WC-Ni_3Al 硬质合金的制备与性能研究 [D]. 长沙: 中南大学, 2013: 1~56.

[233] Ghandehari M H. Anodic Behavior of Cemented WC-6% Co Alloy in Phosphoric Acid Solutions [J]. Journal of the Electrochemical Society, 1980, 127 (10): 2144~2147.

[234] Sabine Hochstrasser-Kurz. Mechanistic study of the corrosion reactions on WC-Co hardmetal in aqueous solution-An investigation by electrochemical methods and elemental solution analysis [M]. Aachen: Shaker Verlag, 2006: 1~155.

[235] Gant A J, Gee M G, May A T. The evaluation of tribo-corrosion synergy for WC-Co hardmetals in low stress abrasion [J]. Wear, 2004, 256 (5): 500~516.

[236] Schumacher G, Ostermann G. Hard Metals in Modern Technology [J], Cobalt, 1974, 4: 77~92.

[237] Zhenmin Du, Dongxian Lü. Thermodynamic modelling of the Co-Y system [J]. Journal of alloys and compounds, 2004, 373 (1): 171~178.

[238] Xiao D H, He Y H, Song M, et al, Y_2O_3 and NbC doped ultrafine WC-10Co alloys by low pressure sintering [J]. International Journal of Refractory Metals and Hard Materials, 2010, 28: 407~411.

[239] Bozzini B, De GaudenziG P, Serra M, et al. Corrosion behaviour of WC-Co based hardmetal in neutral chloride and acid sulphate media [J]. Materials and Corrosion, 2002, 53 (5): 328~334.

[240] Mark C Weidman, Daniel V Esposito, Yeh-Chun Hsu, et al. Comparison of electrochemical stability of transition metal carbides (WC, W_2C, Mo_2C) over a wide pH range [J]. Journal of Power Sources, 2012, 202: 11~17.

[241] TomlinsonC W J. Linzell R. Anodic polarization and corrosion of cemented carbides with cobalt and nickel binders [J]. Journal of materials science, 1988, 23 (3): 914~918.

[242] Zhixing Guo, Ji Xiong, Mei Yang, et al. Effect of Mo_2C on the microstructure and properties of WC-TiC-Ni cemented carbide [J]. International Journal of Refractory Metals and Hard Materials, 2008, 26 (6): 601~605.

[243] Moien M, Alizadeh E. Investigation of (Mo, W) C Based Cemented Carbides [J]. Asian Journal of Chemistry, 2006, 18 (2): 891.

[244] Badawy W A, Al-Kharafi F M. Corrosion and passivation behaviors of molybdenum in aqueous solutions of different pH [J]. Electrochimica Acta, 1998, 44 (4): 693~702.

[245] op't Hoog C, Birbilis N, Estrin Y. Corrosion of pure Mg as a function of grain size and processing route [J]. Advanced Engineering Materials, 2008, 10 (6): 579~582.

[246] Sutha Sutthiruangwong, Gregor Mori, R Kösters. Passivity and pseudopassivity of cemented carbides [J]. International Journal of Refractory Metals and Hard Materials, 2005, 21: 129~136.

[247] Thiago J Mesquita, Eric Chauveau, Marc Mantel, et al. A XPS study of the Mo effect on passivation behaviors for highly controlled stainless steels in neutral and alkaline conditions [J]. Applied Surface Science, 2013, 270: 90~97.

[248] 马鋆. 添加剂对超粗晶及特粗晶硬质合金耐腐蚀性能的影响 [D]. 长沙: 中南大学, 2012: 1~61.

[249] 张久兴, 张国珍, 张利平, 等. 氧化钨/碳 SPS 原位合成 WC 硬质合金的 XPS 研究 [J]. 稀有金属材料与工程, 2006, 35 (6): 937~940.

[250] 马鋆, 张立, 南晴, 等. Cr、V、Ta 添加剂对超粗晶和特粗晶硬质合金电化学腐蚀行为的影响 [J]. 粉末冶金材料科学与工程, 2012, 17 (6): 825~832.

[251] Qiankun Zhang, Yuehui He, Wen Wang, et al. Corrosion behavior of WC-Co hardmetals in the oil-in-water emulsions containing sulfate reducing Citrobacter sp [J]. Corrosion Science, 2015, 94: 48~60.

[252] Badawy W A, Al-Kharafi F M, Al-Ajmi J R. Electrochemical behaviour of cobalt in aqueous solutions of different pH [J]. Journal of applied electrochemistry, 2000, 30 (6): 693~704.